U0215272

飞羽寻踪

阿哈湖湿地观鸟指南

贵阳阿哈湖国家湿地公园管理处 编

新生态工作室 绘

中国林业出版社
China Forestry Publishing House

图书在版编目（CIP）数据

飞羽寻踪：阿哈湖湿地观鸟指南 / 贵阳阿哈湖国家
湿地公园管理处编；新生态工作室绘. -- 北京：中国
林业出版社, 2024. 11. -- ISBN 978-7-5219-2933-1

Ⅰ. Q959.708-62

中国国家版本馆CIP数据核字第2024WZ2009号

策划编辑　肖　静

责任编辑　肖　静　　刘　煜

出版发行　中国林业出版社（北京市西城区德内大街刘海胡同7号 100009）

电　　话　010-83143577

电子邮箱　cfphzbs@163.com

网　　址　https://www.cfph.net

印　　刷　北京中科印刷有限公司

版　　次　2024 年11月第1版

印　　次　2024 年11月第1次印刷

开　　本　710mm × 1000mm 1/16

印　　张　8.25

字　　数　110千字

定　　价　50.00元

编辑委员会

主　　编：孔志红
副主编：张海波　罗　静　周　雯
编　　委：宋　旭　杨雄威　班俊峰　卢婷婷　王　锟　姚崇元　王家猛
　　　　　曾　乐　陈　慧　韩　豪　靳帅霞　李　毅
撰　　文：杨丹丹　刘　懿　程燕琳　吴宗琼
照　　片：张海波　杨雄威　李　毅　郭　轩　孟宪伟　沈惠明　穆　浪
　　　　　陆小龙　柯晓聪　陈凯伦
插　　画：李　洋　丁芳芳
设　　计：项　琬　何楚欣

前言

这是一本有些特殊的入门级观鸟指南。

截至2023年，贵阳阿哈湖国家湿地公园一共发现了230种鸟类，占贵阳已记录鸟类种数（283种）的81.27%。这是来自湿地公园的鸟类研究者经过长期鸟类调查和监测获得的数据。他们在阿哈湖国家湿地公园内设置了9条不同的观鸟样线，在不同季节沿着样线开展鸟类的调查与监测（或许你也曾遇见过这支独特的观鸟队伍）；同时，研究者们在公园范围内布设了大量红外相机，用于补充监测并不间断地收集行踪隐蔽、常夜间活动的鸟类及其他野生动物影像，从而补充与完善湿地公园的鸟类种类和分布数据。得益于研究者们多年的调查结果，我们了解到阿哈湖湿地是一个丰富而多样的鸟类世界，这也构成了本书的基础。

对于这230种鸟类，在现代分类学上（也就是根据鸟类在进化生物学上亲缘关系远近对其进行分门别类），可以用"目、科、属、种"来确定每一种鸟的分类归属，多数鸟类图鉴中也会按照这一方式进行鸟类的介绍。对于专业的观鸟者，这会是一种更具有系统性的参考。在这本书的附录中，我们也为大家提供了一份按这一方式整理的鸟类名录。

但这并不是这本书的主体部分所要采取的视角。我们的本意并非写一本鸟类观察与鉴别指南，而是更希望向你展示鸟类在阿哈湖国家湿地公园的生活。我们希望能够提供一些线索，帮助你和阿哈湖国家湿地公园的鸟类建立联系。生态学为我们提供了一种角度，把鸟放在它们生活的环境中，将其看作一个整体。这个整体除了空间的完整性与异质性之外，还包括时间的维度。昼夜往复，四季轮转，在阿哈湖湿地的不同地方，我们想为你呈现那里的鸟儿们的生命故事。

因此，不同的观鸟区域和特色生境成为我们介绍阿哈湖湿地鸟类的主要线索。小车河、梯塘小微湿地、南郊公园、金山湿地……这是阿哈湖国家湿地公园的研究者为我们推荐的代表性观鸟区域。这些区域中鸟的种类、数量因环境的不同而各具特色。在这些区域中，我们选择相对常见和容易观察的60种鸟类，作为这本观鸟指南的主要内容。对于前来湿地公园游憩的访客，这本指南或许可以让你的第一次观鸟活动更容易有所收获。

当然，有些鸟类对环境的适应范围很广，不会局限在一个区域活动，比如，生活在小车河的很多鸟类在水库及其周边的区域也较为常见，而生活在南郊树林中的林鸟也会出现在更加成熟的原始森林中。在这本指南中，每种鸟类优先被归入的是相对比较容易观察的区域。但当你逐渐熟悉了不同鸟类的特征，那么便可以更加综合地利用这本指南和其他鸟种更加全面、系统的鸟类图鉴。

即使我们身处城市之中，仍然有许多鸟类与我们为邻。对鸟类来说，位于贵阳市中心的阿哈湖湿地是一处特殊的场所，湿地为它们提供生长、筑巢、觅食、繁衍的空间，更是它们赖以生存的家园。在这里，你会更容易与鸟类相遇。不如从现在开始，走出房门，带好你的望远镜，踏上你与湿地公园鸟类的相遇之旅吧！

说明：本手册所有鸟类物种分类系统信息参考《中国鸟类分类与分布名录（第四版）》。

目录

方法篇：观鸟活动行前指南

观鸟篇：出发吧，一起观鸟去

附录

后记：做友好的观鸟者

识鸟篇：
从认识一只鸟开始

　　鸟类是恐龙的后代，也是地球上为数不多的掌握飞行技巧的动物。在漫长的生命演化史中，鸟类进化出与鱼类、昆虫、兽类等动物完全不同的身体构造。认识鸟的身体构造是观鸟者进入鸟类世界的基础。这并不是要求观鸟者一定要记住鸟类不同身体结构的专业名称，而是因为了解鸟类的身体构造对观鸟来说有诸多好处。

　　首先，了解鸟的身体构造会帮助你在观鸟时看到更多鸟类的细节，增加观鸟的乐趣。其次，熟悉不同鸟类身体构造的差别，也可以帮助你快速地识别不同鸟类。除此之外，能够用大家都理解的鸟类身体部位来描述一只鸟的特征，对于不同观鸟人之间分享观鸟所得也是非常有帮助的！

1.1 鸟的基本身体构造

为了帮助观鸟者快速地认识一只鸟的身体构造，我们不妨按照与人类的身体构造相比较的方式来认识一只鸟的身体构造。和人类一样，鸟类也有头、胸、腹、背、腿、喙等身体构造。不过鸟的身体结构是为了飞行而进化的，因此它们有翅膀，有尾巴，还有轻盈的骨骼。为了适应飞行，鸟类进化出了复杂的羽毛结构，这是与其他动物相比独一无二的特征。接下来，我们将从鸟的头部开始，一直到鸟的尾巴，带你认识一只鸟的基本身体构造。

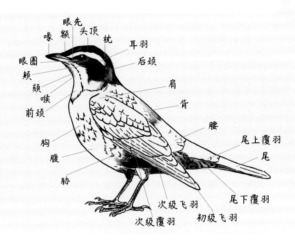

鸟的基本身体构造

（1）鸟的头部

和人类一样，从上部来看，鸟的头部可划分为额、头顶、枕等区域，分别与人类的额头、头顶、后脑勺等部位对应。从下部来看，鸟的头部有颏（kē，即下巴）、喉等部位，也与人类的身体部位一致。鸟类头部最显著的特征为喙（huì）与

眼睛，以及眼睛周围的眼圈、眼先等部位。虽然难以被发现，但是鸟类也是有耳朵的哦！鸟类的耳朵就在眼睛后方且接近脸颊中央的位置。鸟类的耳朵就像一个小洞，被羽毛覆盖，生物学家把鸟类的这一部分区域叫作耳羽。接近耳羽的地方，还有一个部位叫作颊——没错，这里和人类脸颊的位置非常接近！

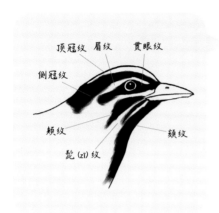

鸟类头部拥有各种独特的纹路，有些纹路甚至会成为某些鸟类的标志性特征。比如，家喻户晓的画眉有个突出的特征就是它的白色眉纹。阿哈湖国家湿地公园常见的棕背伯劳、红尾伯劳、虎纹伯劳等伯劳科鸟类，大都有深色的贯眼纹。熟悉这些特征可以帮助观鸟者轻松识别这类鸟。

（2）鸟的颈部

　　和人类的颈部一样，鸟的颈部也是连接鸟的头部和躯干的重要身体构造。根据方位的差异，鸟的颈部可分为前颈、后颈与侧颈三个区域，其中，后颈又可分为上颈和下颈。不过，和人类的颈部相比，有些鸟类的颈部要长得多，比如，常见的白鹭、苍鹭、鸬（lú）鹚（cí）等水鸟，均具有"长脖子"的特征。除了长度出众，鸟类的颈部也比人类灵活得多，比如猫头鹰的"转头绝技"——一般猫头鹰的头部可绕颈部旋转270°，看起来就像转了完整的一个圆圈（即360°）。

13

(3) 鸟的躯干

你发现了吗? 鸟也有胸、腹、肩、背、腰等身体构造, 其相对位置与人类的身体构造相似。此外, 在鸟类身体两侧、位于翅膀与胸腹部之间有两块小的区域, 被称为胁。和鸟的眉纹、贯眼纹一样, 胁虽不是鸟类最突出的身体部位, 却是用来识别一些鸟类的重要特征。比如, 常见的黑水鸡, 其白色两胁非常醒目, 是野外识别黑水鸡的重要标志。还有一些鸟类会以胁的特征命名, 比如, 红胁蓝尾鸲 (qú)、红胁绣眼鸟等。

(4) 鸟的羽毛

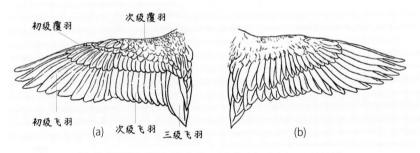

(a) 从背部看鸟翅羽毛的结构; (b) 从内部看鸟翅羽毛的结构

羽毛是鸟最独一无二的特征。鸟翅不是一层, 而是由很多羽毛层层叠加而成的。以鸟翅背部的羽毛为例, 可分为飞羽和覆羽两大类, 其中, 飞羽由翅尖到翅根又分为初级飞羽、次级飞羽和三级飞羽; 覆羽覆盖在飞羽之上, 可分为初级覆羽、次级覆羽两种。

次级飞羽

初级飞羽

珠颈斑鸠翅膀收起时的羽毛分布 © 张海波

一般来说，初级飞羽最长，但当鸟类收起翅膀的时候，初级飞羽常被次级飞羽覆盖，只露出羽毛尖端的部分区域。

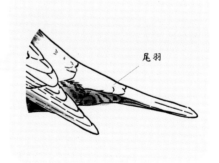

尾羽

鸟类尾部的羽毛被称为尾羽，可简单分为尾上覆羽和尾下覆羽两种。尾羽在鸟类飞行时，主要起着控制方向的作用，而在鸟类停栖时，则有着平衡身体的作用。尾羽也是识别一些鸟类的重要特征，有些鸟类的尾羽修长，比如，红嘴蓝鹊、寿带；有些鸟类具有特殊的尾羽形状，比如，家燕的尾羽有显著的分叉特征；对于习惯在树干上攀登的啄木鸟来说，尾羽还起着支撑身体的作用，具有短且硬的特征。

1.2 鸟儿大不同

　　虽然鸟类有着相似的身体构造,但是不同鸟的细微之处却天差地别。如何区分不同的鸟类对观鸟者来说是个不小的挑战。对于第一次见到的鸟类,有经验的观鸟者通常会第一时间调动头脑中关于鸟的基本分类常识,将其划分为某一类别,然后再根据上文介绍的身体构造特征知识具体定位鸟种,这种方法既高效又准确。

（1）鸟喙的分类

　　鸟喙的长短、粗细和弯曲程度与鸟类的食谱几乎是完全对应的。有些鸟类专食种子,为了撬开坚硬的种壳,它们进化出又短又粗的喙;有些专食花蜜的鸟类的喙非常细长,可以像吸管一样吸食花蜜;有些食昆虫的鸟类的喙通常比较尖,可以帮助它们从土壤中或者树干缝隙中掏出虫子来;吃肉的老鹰等猛禽的喙带有弯钩,可以帮助它们撕扯猎物;我们熟悉的鸭子等水鸟的喙扁扁的,方便它们过滤水中的小型动植物;在浅水区觅食的鹭类、鸻(héng)鹬(yù)类等水鸟的喙通常又尖又长,可以帮助它们快速穿过水面,捕食水下的食物。

喙圆锥形

主食草籽等种子,见于斑文鸟、麻雀等小型雀类。

喙长而笔直

主要从树洞中取食昆虫或者取食水中的鱼类,常见的啄木鸟、普通翠鸟等属于此类。

喙长而尖

主要取食鱼、虾、蟹与水生昆虫等食物,常见的鹭类、鸻鹬类等水鸟多属于此类。

喙长而下弯

方便从土壤中取食昆虫等食物,如戴胜。

上喙向下勾曲

便于撕裂食物,常见于各种大、中、小型猛禽,如红隼、斑头鸺鹠、黑鸢等,一些食肉类雀形目鸟类也有此特征。

喙扁平

边缘具有缺刻,可以过滤水中的食物,以雁鸭类最为典型。

（2）鸟脚的分类

　　鸟脚的形态是最能反映鸟类栖息环境的身体特征之一。游泳健将鸭子的脚趾间以蹼相连，像双桨一样方便划水；红腹锦鸡等常在地面行走的雉鸡类，其双脚通常健壮有力；强脚树莺等小鸟常在茂密的枝叶丛林中活动觅食，它们的四个脚趾中通常只有一个后脚趾，与前面三个脚趾配合，可以抓牢树枝；而经常攀爬树干的啄木鸟四个脚趾中有两个在前，两个在后，可以帮助它们紧紧地贴在树干上；老鹰等猛禽的爪子十分锋利，可以轻松地将猎物致死。

常态足

三个脚趾向前，一个脚趾向后，便于抓握，是鸟类中最常见的一种足型。

对趾足

中间第二和第三脚趾向前，两边第一和第四脚趾向后，便于攀登树干时保持平衡，如啄木鸟的足。

满蹼足

前三个脚趾间有蹼相连，便于划水，常见于鸭类的足。

半蹼足

前三个脚趾之间有蹼相连，但和满蹼足相比，其蹼的面积只占脚掌空隙的一半不到，易于涉水。常见于鹭类、鸻鹬类的足。

瓣蹼足

前三个脚趾上的蹼似花瓣，并不相连，易于游泳，如小鹛鹛的足。

带钩子的足

脚趾深裂，趾甲大而坚固，向内弯曲，常见于各种猛禽的足。

17

（3）鸟的生态类群

鸟类学家根据不同鸟的形态和生活习性的差异，将其分为不同的生态类群。其中，我国常见的鸟类生态类群有6个，分别为游禽、涉禽、陆禽、猛禽、攀禽和鸣禽，这六大生态类群在阿哈湖国家湿地公园均有分布。

游禽

以鸭子为代表的游禽是水上的"游泳健将"。它们常在水域宽阔的明水面活动。

涉禽

以鹭类、鸻鹬类为代表的涉禽具有腿长、喙长和颈长的"三长"特征，常在水边的泥滩或者浅水区觅食水生昆虫、鱼、虾等。

陆禽

以鸡为代表的陆禽体格健壮却不善飞行，主要在地面活动，依靠强壮的后肢、尖而硬的喙部挖土觅食。

猛禽

自然界中的顶级捕食者，包括鹰、隼、雕、鹫(jiù)、鵟(kuáng)、鹞、鸮、鸢、鹃鸮等不同类群。它们常在高处活动，具有较大的领地。

攀禽

攀禽是鸟中的"爬树高手"，为了牢牢地站立在树干上，它们的脚趾演化出适应性的排列方式。公园的大树是它们理想的栖息地。

鸣禽

鸣禽通常是指雀形目的一些鸟类，它们体形较小，多在茂密的森林或者灌丛中活动，依靠独特的歌声吸引异性或与同伴交流。

对于刚开始入门的观鸟者来说，掌握鸟的生态类群的区分方法，可以帮助观鸟者快速根据环境信息与鸟类特征识别具体的鸟种。这与本书"观鸟篇"采用的按照区域和生境划分鸟类的方法互为呼应。

（4）它们是同一种鸟吗

在野外，我们经常看到鸟儿成双入对、结伴活动，但是从外形上看，很难将它们归为一类。这很有可能是同一种鸟的雌鸟和雄鸟。自然界中的很多鸟类具有雌雄异色的特点，而且通常是雄性比雌性艳丽。比如，家喻户晓的鸳鸯、俗称"金鸡"的红腹锦鸡、生性活泼好动的红尾水鸲，雄鸟皆身着"华服"，相比之下，雌鸟大都比较逊色。然而，自然界中也有些"不走寻常路"的鸟类，比如，彩鹬的雌鸟就比雄鸟体色要艳丽得多。

红尾水鸲的雄鸟与雌鸟

彩鹬的雄鸟与雌鸟

夜鹭的成鸟与亚成鸟 © 张海波

（左）繁殖期的水雉 © 郭轩
（右）非繁殖期的水雉（引自维基百科）

即使是同一只鸟，从破壳而出的雏鸟，到未发育成熟的亚成鸟，再到成鸟，不同阶段也会存在差别，比如，白胸苦恶鸟的雏鸟、夜鹭的亚成鸟等。此外，有些鸟类在繁殖期和非繁殖期也会存在较大的差异。比如，水雉在夏季的繁殖期不仅具有长长的尾羽，而且身体的黑、白、黄三种配色也十分艳丽。而在冬季的非繁殖期，水雉不仅尾巴变短了，背部的颜色也变得暗淡，和亚成鸟颜色非常相似。当然，这并非巧合，尽管艳丽的羽色可以赢得异性的青睐，但也会招来风险。因此，自然界中的大多数雌鸟、未成年鸟及非繁殖间的鸟类均会以低调的、与环境色接近的羽色为保护色。

寻鸟篇：
如何与鸟儿们相遇

阿哈湖国家湿地公园生活着200多种鸟类，但我们在公园散步的时候，却只能见到很少的鸟类。鸟都去哪儿了呢？其实，鸟和人类一样，也会有自己的生活作息和活动区域。

如果在合适的季节、合适的时间，到合适的环境和地点观鸟，将会大大提高你观察到不同鸟类的机会。在这里，我们为刚开始观鸟活动的伙伴们提供了阿哈湖湿地一些基础的鸟类分布和活动信息。更加生动和深入地了解鸟类，既是观鸟者的入门功课，又是进阶鸟友观鸟的乐趣所在。期待你与更多鸟儿相遇在阿哈湖国家湿地公园！

2.1 在什么时候观鸟

不同鸟类具有不一样的生命阶段，以阿哈湖国家湿地公园这片栖息地来说，有些鸟类只在夏季出现，有些鸟类只在冬季出现，即使那些常年居住在这里的鸟类，在不同季节也会有不同的生活状态。因此，一年之中不管你在哪个季节来阿哈湖湿地观鸟，都会有不一样的收获。此外，一天当中鸟类也会有不同的生活习性，有的在白天比较活跃，有的则在夜晚才出来活动。为了避免观鸟时期待落空、败兴而归，了解什么季节、什么时间有什么鸟类，是观鸟前可预做的功课。

（1）选择什么季节

留鸟、夏候鸟与冬候鸟

截至2023年年底，阿哈湖国家湿地公园共发现鸟类230种。其中，大约有近一半的鸟类是这里的常住居民，比如，白鹭、小䴙䴘、黑水鸡、黄臀鹎、乌鸫、红嘴蓝鹊等，无论什么时候来到这里，你都可以看到这些鸟类。它们被称为留鸟。对留鸟来说，阿哈湖国家湿地公园的栖息环境足以满足一整年的生存需求，因此不必作长距离的迁徙。剩下大约100多种鸟类中，会随着季节的变化进行有规律的迁徙活动的，被称为候鸟。

留鸟白鹭 © 张海波

夏候鸟小杜鹃 © 张海波

冬候鸟绿翅鸭 © 张海波

候鸟根据季节的差异又大致可分为夏候鸟和冬候鸟。我们熟悉的家燕、杜鹃等通常只在夏季在阿哈湖湿地可见，具有春来秋去的迁徙习性，被称为夏候鸟。夏候鸟在夏季飞来带着很重要的使命——繁殖后代，它们会在阿哈湖湿地完成求偶、筑巢、育雏的整个繁殖过程。还有一些鸟类会在秋冬季从其他地方飞来阿哈湖国家湿地公园过冬，比如，各种鸭类、鸻鹬类的水鸟，以及燕雀、小鹀、灰背鸫等林鸟，被称为冬候鸟。秋冬时节，阿哈水库会聚集大量的冬候鸟，为冬日增添许多生机。

旅鸟与迷鸟

　　迁徙的鸟类每年会固定往返繁殖地与过冬地，迁徙途中会耗费大量的能量，因此，它们常常需要在某些地方短暂地休息、补充能量——阿哈湖国家湿地公园就是这样一个鸟类的能量中转站。这些鸟类通常在阿哈湖湿地作短暂停留后会继续前行，鸟类学家把这些路过某一栖息地的候鸟称为旅鸟。一般春季和秋季是观赏猛禽等旅鸟过境的最佳时期。还有一些迁徙的鸟类因为天气或者地球磁场等的变化，会偏离原来的飞行路线，偶降在阿哈湖国家湿地公园这样的栖息地，这类鸟被称为迷鸟。比如，在阿哈湖国家湿地公园曾经观察到的钳嘴鹳、白翅浮鸥等，均属于这一类。

四季观鸟趣

　　鸟类迁徙习性告诉观鸟者什么季节有什么鸟。除此之外，你还可以根据四季景观及鸟类习性的变化观察到鸟类一些季节性限定行为。

橙腹叶鹎啄食花蜜 © 张海波

　　每年春天，阿哈湖国家湿地公园里响起的清脆鸟鸣可能是鸟类发出的求偶讯号。这个时候，你不仅可以听到各种各样鸟类发出的悦耳动听的歌声，还能欣赏小䴙䴘的求爱舞蹈，以及白鹭换上繁殖羽等许许多多的繁殖期的行为。此外，春花盛开的枝头，还常常活跃着橙腹叶鹎、暗绿绣眼鸟等喜食花蜜的鸟类，令观鸟者大饱眼福。

小车河边的黑水鸡一家 © 张海波

　　盛夏时节，包括夏候鸟在内的许多鸟类会完成求偶，进入筑巢和育雏的阶段。幸运的话，你或许会看到鸟类筑巢和育雏的行为。此时如果你来阿哈湖国家湿地公园，一定不能错过常住小车河边的黑水鸡、小䴙䴘带娃的场面。

23

秋季是观赏猛禽迁徙的好时节。作为自然界的顶级猎食者，猛禽相对其他小型鸟类数量要稀少得多，平时它们也以单独活动为主。但是在迁徙季，你却能欣赏到数十只，甚至上百只猛禽组成的"鹰柱""鹰河"奇观。

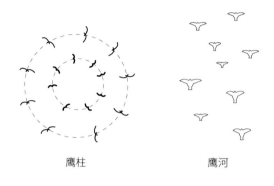

鹰柱　　　　　　　　鹰河

【小贴士】鹰柱与鹰河

鹰柱：猛禽顺着气流上下盘旋，形成一个柱状体，被称为鹰柱。

鹰河：猛禽列成纵队飞行，形成一列，被称为鹰河。

在枝头停歇的松鸦 © 张海波

秋季也是果实成熟的好时节，阿哈湖国家湿地公园到处是一派丰收的景象。营养丰富、数量可观的果实与种子吸引了大批植食性鸟类。对这些"素食主义者"来说，秋季的湿地"大食堂"简直就是天堂。在秋季，松鸦会像松鼠一样囤积橡子——谁说只有人类懂得"秋收冬藏"的道理呢？

冬季是一年中最寒冷的季节，枝头的红头长尾山雀似乎比夏季胖了两倍还多——它们为了抵御严寒，特意给自己换上一层蓬松暖和的羽毛。像长尾山雀这样换羽是许多鸟类过冬的重要生存技能。除了寒冷，鸟类还要面临食物短缺的难题。有些鸟类拥有范围宽广的食

红头长尾山雀 © 张海波

黄臀鹎 © 张海波

谱，这时它们就会改变自己的习性，比如，平时喜爱昆虫的黄臀鹎等在冬季会大量取食种子。山雀等小型鸟类在冬季还会成群活动、集体觅食，这样做一方面可以共享食物，另一方面可以共同抵御天敌。

（2）选择什么时间

在鸟类最活跃的时间去找鸟，会大大提高观鸟的效率。生活经验告诉我们，鸟儿似乎在一天中的早晨和傍晚最为活跃。然而，由于种类的差异，也有些鸟在一天中的其他时间会比较活跃，比如，一天当中最热的时候，是观赏黑鸢等猛禽飞行的最佳时机。猛禽被誉为"天空王者"，是自然界中飞行高度最高的鸟类之一，它们会借助午后的热气流盘旋而上，获取最佳捕猎视野；有些夜行性鸟类会选择在夜晚出来活动，比如，栖息在阿哈湖湿地的领角鸮等猫头鹰会在夜晚出来觅食鼠、蛙等。此外，一些不太常见的鸟类，比如，普通夜鹰、丘鹬等，也主要在黄昏或夜晚才出来活动。

夜间的领角鸮 © 张海波

在本书最后的附录中，我们为你列出了阿哈湖湿地一些常见鸟类的作息时间与居留月份信息。如果想观察到特定的鸟类，请进一步了解它们的出没时间吧！

25

2.2 去什么地方观鸟

宽阔的湖面、弯弯曲曲的河流、茂密的森林、常年处在淹水状态的沼泽地……阿哈湖国家湿地公园因其便利的水源、丰富的生境类型，成为众多鸟类的理想栖息地。然而，不同的鸟类对栖息地的偏好千差万别。假如想要去阿哈湖国家湿地公园观鸟，无论你是漫无目地希望与鸟儿们不期而遇，还是有特定的目标鸟种或者观察区域，对于刚入门的鸟类观察者来说，了解公园不同区域的鸟类分布情况，都是大有裨益的。

场地描述	位于阿哈水库西部杜家坝附近，属于湿地公园保育区，一般不对外开放。这里茂密的森林是许多林鸟喜爱的栖息环境。
观鸟建议	该鸟点距离城区较远，适合有组织的专业观鸟团队。可观察到不太常见的林鸟，如红腹锦鸡、灰胸竹鸡、虎斑地鸫、橙头地鸫、棕噪鹛、蓝歌鸲、红喉歌鸲、红胁蓝尾鸲、黑鸢、凤头蜂鹰、松雀鹰、灰林鸮、短耳鸮等。
难度等级	★★★★★

凯龙寨林区

注：难度等级根据区域可达性、徒步难易程度和观鸟的难易程度等综合评估。

场地描述	位于阿哈水库南部水岸，金山村附近，属于湿地公园保育区。这里的浅水沼泽水草茂盛，是许多冬候鸟的越冬地。
观鸟建议	该鸟点适合有准备的观测。最宜观察冬候鸟，如各种鸭类、鸻鹬类。在周围农田还可以观察到牛背鹭、黑领椋鸟、彩鹬、白尾鹞等喜欢农田生境的鸟类。
难度等级	★★★★

金山湿地

阿哈湖国家湿地公园主要观鸟点分布

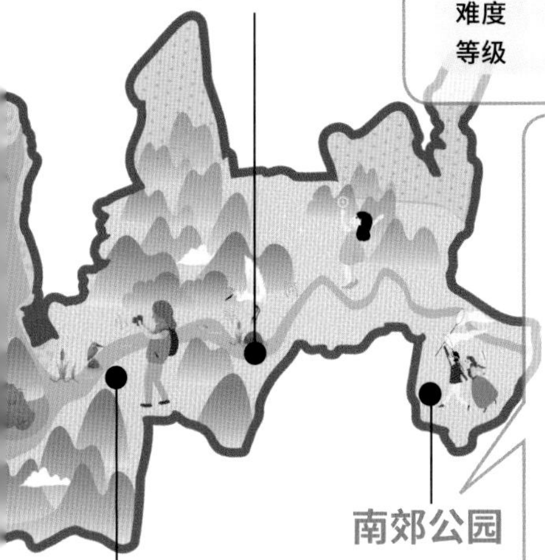

场地描述	包括小车河河流水域主体及其两岸的林地。沿着小车河两岸，在沿途多样的生境中可以观察到种类丰富的鸟类。
观鸟建议	适合入门观鸟者。沿小车河徒步，观察河面及两岸一些常见的鸟类，比如，小鸊鷉、黑水鸡、白鹭、夜鹭、苍鹭、普通翠鸟、红尾水鸲、白顶溪鸲、白鹡鸰、褐河乌等；也可在河岸边的高地树林中观察一些林鸟，比如，斑头鸺鹠、棕腹啄木鸟、黄臀鹎、领雀嘴鹎、绿翅短脚鹎、橙腹叶鹎、叉尾太阳鸟、灰腹绣眼鸟等。
难度等级	★

小车河

场地描述	位于白龙洞附近区域，主要生境为林地，是观赏林鸟的好去处。
观鸟建议	适合有一定基础的观鸟者。可观察到许多种类的林鸟，比如，常见的乌鸫、黑胸鸫、山斑鸠、珠颈斑鸠、红嘴蓝鹊、喜鹊、棕背伯劳、红头长尾山雀、强脚树莺等林鸟，以及粉红山椒鸟、大杜鹃、大拟啄木鸟、红嘴相思鸟、黄腰柳莺、棕颈钩嘴鹛等观察难度稍高的林鸟。
难度等级	★★★

南郊公园

场地描述	位于小车河中段的沿岸梯级浅水草甸湿地。虽然面积不大，但这里植物丰富，人为干扰少，四季皆适合观鸟。
观鸟建议	小微湿地外围有视野极好的观鸟点，适合入门观鸟者定点观测，入内观察需提前预约。可集中观察到一些常见的鸟类，如白鹭、池鹭、夜鹭、白胸苦恶鸟、红尾水鸲、普通翠鸟、白腰文鸟、灰喉鸦雀等。
难度等级	★

梯塘小微湿地

（1）选择不同的观鸟区域

　　每次观鸟，都是一次与自然亲近的徒步之旅。阿哈湖国家湿地公园面积较大，对于初入门的观鸟者来说，我们建议每次不妨选择一个特定的片区来进行观鸟。按照鸟类的丰富度和分布区域的差异，我们在阿哈湖湿地挑选出小车河、梯塘小微湿地、南郊公园、凯龙寨林区和金山湿地等具代表性的观鸟区域，这些区域中鸟的种类、数量因区域环境的不同而各具特色。请参考上图主要观鸟点介绍，选择适合你的观鸟地点吧。

27

（2）注意观察不同的小生境

不同鸟类对栖息地的需求差异十分具体，包括水位的高低、水流的缓急、树木的高矮粗细和搭配组合等。阿哈湖国家湿地公园之所以拥有种类丰富的鸟类，正是因为这里为鸟类提供了足够多样的生境。比如，小车河、梯塘小微湿地、南郊公园、阿哈水库，这些我们熟悉的区域里，分布有非常丰富的小生境，从而吸引不同鸟类栖息。

以阿哈水库为例，仅仅凭借水位周期性涨落这一点，就创造出了湖面、浅滩、沼泽等不同的小生境，为鹭类、䴙䴘类水鸟提供了丰富的觅食选择；小车河弯弯曲曲的"S"形带状河流两岸的不同岸线也为普通翠鸟、黑水鸡、小䴙䴘等提供了筑巢的环境；而到了两岸的森林里，从地面到林冠，鸟儿们就像商量好了似的，各自占据一层空间，互不打扰……当你在选择的观鸟区域行走时，试着去发现身边不同特点的小生境吧。它们与鸟儿的日常生活息息相关，也为我们的观鸟提供了重要线索。

下面这些阿哈湖湿地里独特的小生境，你注意到了吗？

岩石湍流

水草丛

浅水区

浅滩沼泽

树梢

大杜鹃
Cuculus canorus

黑水鸡
Gallinula chloropus

小䴙䴘 (pì tī)
Tachybaptus ruficollis

白骨顶
Fulica atra

苍鹭
Ardea cinerea

黑斑蛙
Pelophylax nigromaculatus

草鱼
Ctenopharyngodon idella

鲤
Cyprinus carpio

大树树冠

水面

大树树干

林下枯枝落叶

林下灌丛

结种子的草丛

草地

开花的植物

方法篇：
观鸟活动行前指南

　　掌握了鸟的基本常识，以及如何寻找鸟的诸多线索，接下来，就可以走出家门，去野外观鸟啦！出发前，请检查你的装备是否齐全。到达户外后，一定多留心野外环境，保证自身的安全，同时尊重鸟类的生活。与鸟类相遇后，你可以根据本书"观鸟篇"提供的线索，先判断鸟类活动的场地，再识别鸟类的生境，最后判断出具体的鸟种。

　　当然，识别鸟类之外，你还可以对鸟的外形特征、生活习性和生态行为等进行更加具体的观察。如果所遇到的鸟类不属于本书介绍的鸟种，你还可以尝试通过记自然笔记、拍照等方式，记录下你所见到的鸟类的关键特征和行为，回家后查阅《阿哈湖鸟类图鉴》即可。

3.1 行前装备检查

观察装备

望远镜

手电筒（夜观用）

记录装备

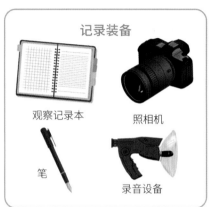

观察记录本

照相机

笔

录音设备

户外着装

帽子

长袖上衣

长裤

长袜

运动鞋

鸟类图鉴

《阿哈湖鸟类图鉴》

《飞羽寻踪——阿哈湖湿地观鸟指南》

户外保障

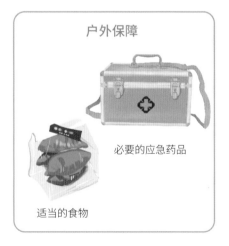

必要的应急药品

适当的食物

3.2 观鸟注意事项

请穿着与环境颜色接近的服装。

请保持安静，保持合适的观鸟距离。

不要采用投食、驱赶等手段诱引鸟类。

不要边走边使用望远镜，以防脚底踏空。

遇到离巢幼鸟，不要带回家。

遇到受伤鸟类，请不要直接接触，可致电专业保护机构救助。

夜晚观鸟时，不要用手电筒直接照射鸟类。

3.3 如何快速识别鸟种

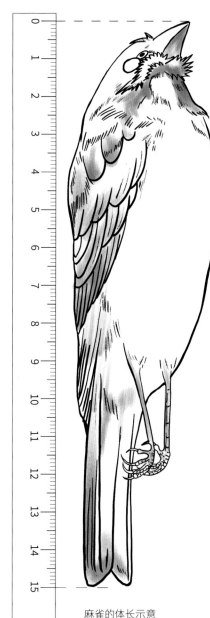

麻雀的体长示意

比一比,你的手掌
和麻雀的身体,
哪个更长?

(1) 大小与形状

对观鸟新手来说,很难一下子分清楚那么多鸟类。因此,如果能够从鸟的大小和形状上初步判断鸟所属的类别,就可以快速借助鸟类图鉴等工具检索到相应的鸟类。本书的"观鸟篇"中给出了每一种鸟的体长(即从喙尖到尾端的长度)数据。为了让各种鸟类的体长数据更加直观,有经验的观鸟者通常会找到一个大家比较熟悉的鸟种(比如麻雀)的体长作为参照。

——(2) 颜色与图案

　　有些鸟类羽色单一，比如，全身乌黑的黑水鸡、乌鸦、乌鸦、八哥，全身白色的白鹭、大白鹭，以及全身以灰色为主的苍鹭、珠颈斑鸠、大杜鹃等；也有些鸟类具有反差明显的配色，比如，羽色黑白分明的喜鹊、鹊鸲和白胸苦恶鸟；有些鸟类羽色艳丽，

红嘴相思鸟 © 张海波

比如，雄性红腹锦鸡、红嘴相思鸟、叉尾太阳鸟等；也有些鸟类虽然羽色暗淡，却会有些比较靓丽的部位，通常我们通过名字就能发现它们身体特征的线索，比如，红尾水鸲、橙腹叶鹎、黄臀鹎、暗绿绣眼鸟、蓝翅希鹛、紫啸鸫……这些都是你在观鸟时可以留意的线索。

斑嘴鸭的蓝紫色翼镜 © 杨雄威

【小贴士】翼镜

　　也称翅斑，是生物学术语，指鸟类翼上特别明显的块状斑，一般由初级飞羽或次级飞羽的不同羽色区段所构成。

　　除了颜色，有些鸟类身体具有特殊的图案，也是我们识别鸟类的重要特征。比如，珠颈斑鸠的"珍珠颈"和白颊噪鹛的"白色脸颊"；各种猛禽的斑纹更是复杂多变。在距离较远、光线较暗的情况下，图案甚至比颜色更有辨识度。比如，对于颜色、体形、大小，甚至活动区域都比较接近的雁鸭类，有经验的观鸟者通常会注意观察它们的翼镜，再结合其他特点对其进行识别。

（3）行为方式

鸟类的行为方式多种多样。观察鸟类的行为，不仅能增添观鸟乐趣，还能使我们获得识别鸟类的重要线索。

行走方式

如果你留心观察，或许会注意到——麻雀只会蹦蹦跳跳地行走，啄木鸟会沿着树干向上攀爬但却无法向下，白鹡鸰走路时像竞走运动员，擅长游泳的鸭子走起路来略显笨拙，而在浅滩生活的鸻鹬类则最为谨慎，常常走走停停，感知着脚底下的动静……不同鸟类走路姿势各不相同。

金眶鸻 © 张海波

飞行方式

鸟的飞行姿势也是千姿百态：家燕的一生中大多数时候都在空中飞行觅食，它们不仅飞得快，而且拥有在空中迅速"掉头"的本领；普通翠鸟捕鱼时会在水面短暂悬停，以便瞄准目标后再下手；白鹡鸰飞行的曲线呈小波浪，它们还会边飞边叫；雁鸭类飞行时常成群结队，排成规律的"一"字或者"人"字形；而鹰、隼等猛禽飞行时几乎不扇动翅膀，主要以滑翔姿势飞行，看起来十分从容。

停栖方式

棕背伯劳在高处的
树梢停栖 © 张海波

鸟儿们在停栖休息或者觅食的时候，也会展现出各种各样的姿态。比如，夜鹭和苍鹭捕食时会一动不动，缩着脖子，眼睛紧盯着水面，观察水中的动静；红尾水鸲、白鹡鸰、紫啸鸫、鹊鸲等小鸟则活跃得多，它们即使在停栖时，也会不停地抖动尾巴，吸引观鸟者的注意；棕背伯劳则会选择树梢等制高点停栖，以便获取更宽阔的猎食视野。

（4）鸣声

有些鸟类生性警惕，常躲在茂密的灌丛、树冠或者草丛中，往往只闻其声，不见其身。对观鸟爱好者来说，除了用眼睛看鸟，用耳朵找鸟也会带来许多乐趣。

珠颈斑鸠
"咕咕咕—咕—"

大杜鹃
"布谷—布谷—"

强脚树莺
"儿—紧睡"或"儿—紧睡起"

鸣叫与鸣唱

你是否好奇，为什么有的鸟叫声婉转动听，有的鸟叫声却尖厉刺耳？有时即使同一只鸟，也会发出悦耳和单调两种截然相反的声音。这是因为鸟的鸣声包括鸣叫和鸣唱两种形式。

鸣叫是由鸟类的发声器官——鸣管发出的声音，相对来说比较简单、短粗。我们可以将鸟类的鸣叫类比于人类的日常说话，鸟类的鸣叫主要用于交流、警戒和亲子识别等情况，一般全年不论雌雄均可鸣叫。

鸟的鸣唱更接近于人类的歌唱行为，一般由雄鸟发出，是鸟类为了赢得异性的青睐、保卫领地等需要发出的声音，多见于春、夏季的繁殖季。鸣唱声音不仅持续时间更长，声音也更加悦耳动听。比如，我们熟悉的大杜鹃的"布谷—布谷—"声，珠颈斑鸠的"咕咕咕—咕—"声，这些都是鸟的简洁的鸣唱。而强脚树莺这位著名的"鸟类歌唱家"，则会发出如"儿—紧睡"或"儿—紧睡起"的叫声，其声音不仅动听，而且富于变化。

效鸣

有些鸟类具有比较复杂的鸣唱行为，甚至会模仿其他多种鸟类的鸣唱声。我们熟悉的鸟类当中，八哥、鹦鹉因能模仿人类或者鸟的语言而家喻户晓，科学家把鸟类模仿其他鸟叫声的这种行为称为效鸣。研究发现，自然界中有15%～20%的鸟种能在野外模仿其他鸟类的声音，比如，公园中常见的乌鸫、伯劳、松鸦等均是效鸣的高手。

乌鸫 © 张海波

3.4 如何使用本书

根据目标观鸟区域的特征和当季的鸟类活动特点，应提前了解可能观察到的鸟种。这本书即是从这一角度出发，为初入门的观鸟伙伴提供的一本观鸟指南。

你可以在前往阿哈湖湿地观鸟前，参考本书的内容来选择心仪的观鸟路线，并初步了解接下来可能遇到的鸟儿们；你也可以带上本书，直接前往阿哈湖国家湿地公园，遇到目标鸟种后，根据"观鸟篇"中提供的线索，先判断当前所在的公园区域，然后根据其身体特征与栖息环境锁定目标鸟种。

当然，由于篇幅限制，本书仅挑选了阿哈湖湿地四季较为常见的60种鸟类进行介绍。相较于阿哈湖国家湿地公园的鸟类种数，还有许多种鸟未介绍。如果你在观鸟活动中遇到了未知的鸟种，可以结合本书"识鸟篇"中提供的方法观察记录其特征，再查阅更多资料或者咨询专业人士，以了解这种鸟的更多信息。

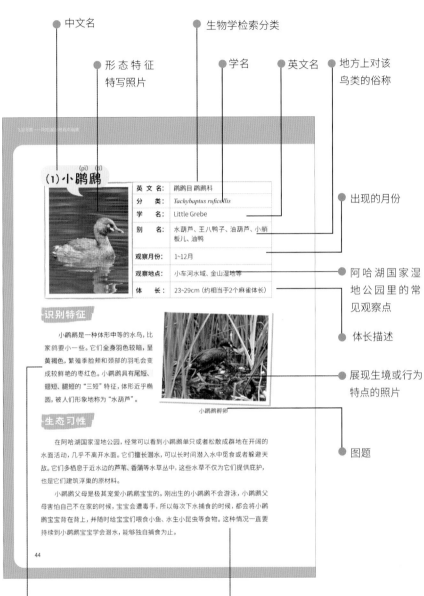

识鸟篇　寻鸟篇　**方法篇**　观鸟篇

中文名

生物学检索分类

形态特征特写照片

学名

英文名

地方上对该鸟类的俗称

(pì)(tī)

(1)小䴙䴘

英文名:	䴙䴘目 䴙䴘科
分　类:	*Tachybaptus ruficollis*
学　名:	Little Grebe
别　名:	水葫芦、王八鸭子、油葫芦、小船板儿、油鸭
观察月份:	1~12月
观察地点:	小车河水域、金山湿地等
体　长:	23-29cm（约相当于2个麻雀体长）

出现的月份

阿哈湖国家湿地公园里的常见观察点

体长描述

识别特征

　　小䴙䴘是一种体形中等的水鸟，比家鸽要小一些。它们全身羽色较暗，呈黄褐色，繁殖季脸颊和颈部的羽毛会变成较鲜艳的枣红色。小䴙䴘具有尾短、翅短、腿短的"三短"特征，体形近乎椭圆，被人们形象地称为"水葫芦"。

展现生境或行为特点的照片

小䴙䴘孵卵

图题

生态习性

　　在阿哈湖国家湿地公园，经常可以看到小䴙䴘单只或者松散成群地在开阔的水面活动，几乎不离开水面。它们擅长潜水，可以长时间潜入水中觅食或者躲避天敌。它们多栖息于近水边的芦苇、香蒲等水草丛中，这些水草不仅为它们提供庇护，也是它们建筑浮巢的原材料。

　　小䴙䴘父母是极其宠爱小䴙䴘宝宝的。刚出生的小䴙䴘不会游泳，小䴙䴘父母害怕自己不在家的时候，宝宝会遭毒手，所以每次下水捕食的时候，都会将小䴙䴘宝宝背在背上，并随时给宝宝们喂食小鱼、水生小昆虫等食物。这种情况一直要持续到小䴙䴘宝宝学会潜水，能够独自捕食为止。

44

形态辨识特征，以作为野外鸟类辨识的辅助信息，重要信息标注黄色底纹。

鸟类的生态习性特点描述，帮助读者理解鸟类的行为习惯，重要信息标注黄色底纹。

观鸟篇:
出发吧, 一起观鸟去

41

4.1 小车河水域

　　有些鸟类是小车河河边的常住居民，比如，白鹭、小䴙䴘、普通翠鸟等，是入门的最佳观察对象。小车河弯曲的河道、宽阔的水面、茂密的植物，使得观鸟者可与鸟类保持十分恰当的距离，不会惊扰到它们。相比那些需要花些力气和运气才能看到的鸟类，这些鸟类更容易被发现，却也可以常观常新。尤其是在春、夏的繁殖季，除了常见的觅食行为，我们还能看到鸟类的求偶、筑巢、育儿等行为。你如果沿着河道往上游水库的方向走，还能看到喜欢溪流瀑布的抖尾小鸟，比如，红尾水鸲、白鹡鸰、白顶溪鸲等。

(1)小䴙䴘 (pì) (tī)

英 文 名：	䴙䴘目 䴙䴘科
分 类：	*Tachybaptus ruficollis*
学 名：	Little Grebe
别 名：	水葫芦、王八鸭子、油葫芦、小艄板儿、油鸭
观察月份：	1~12月
观察地点：	小车河水域、金山湿地等
体 长：	23~29cm（约相当于2个麻雀体长）

识别特征

小䴙䴘是一种体形中等的水鸟，比家鸽要小一些。它们全身羽色较暗，呈黄褐色，繁殖季脸颊和颈部的羽毛会变成较鲜艳的枣红色。小䴙䴘具有尾短、翅短、腿短的"三短"特征，体形近乎椭圆，被人们形象地称为"水葫芦"。

小䴙䴘孵卵

生态习性

在阿哈湖国家湿地公园，经常可以看到小䴙䴘单只或者松散成群地在开阔的水面活动，几乎不离开水面。它们擅长潜水，可以长时间潜入水中觅食或者躲避天敌。它们多栖息于近水边的芦苇、香蒲等水草丛中，这些水草不仅为它们提供庇护，也是它们建筑浮巢的原材料。

小䴙䴘父母是极其宠爱小䴙䴘宝宝的。刚出生的小䴙䴘不会游泳，小䴙䴘父母害怕自己不在家的时候，宝宝会遭毒手，所以每次下水捕食的时候，都会将小䴙䴘宝宝背在背上，并随时给宝宝们喂食小鱼、水生小昆虫等食物。这种情况一直要持续到小䴙䴘宝宝学会潜水，能够独自捕食为止。

小鸊鷉
Tachybaptus ruficollis

（2）黑水鸡

分　　类：	鹤形目 秧鸡科
学　　名：	*Gallinula chloropus*
英 文 名：	Common Moorhen
别　　名：	红骨顶、江鸡、红冠水鸡、黑面水鸡
观察月份：	1~12 月
观察地点：	小车河水域、金山湿地
体　　长：	24~35cm（约相当于 2 个麻雀体长）

识别特征

　　黑水鸡和小鹛䴘一样，是阿哈湖国家湿地公园最常见的水鸟之一。它们全身黑色的羽毛、白色的两胁、红色的额甲及黄色的喙端，让我们很容易将它们与其他水鸟区分开来。

生态习性

　　黑水鸡拥有游泳、潜水、行走和飞行多项技能，在水面前行时脖子会向前一伸一伸地游动，感到威胁时会潜入水中或者在水面滑行一段时间后起飞，一般不做长距离飞行。黑水鸡有一双黄色的大脚，可以让它们在岸上及漂浮在水面的水草上行走。

　　黑水鸡会用芦苇、香蒲等水草编织巢穴。它们的巢穴结构精巧，形状与北京2008年奥运会场馆"鸟巢"非常接近。

黑水鸡
Gallinula chloropus

（3）白鹭

分　类：	鹈形目 鹭科
学　名：	*Egretta garzetta*
英 文 名：	Little Egret
别　名：	小白鹭、白鹤、白鹭鸶、白翎鸶、春锄、白鸟
观察月份：	1~12 月
观察地点：	小车河水域、小微湿地、金山湿地、水库支流
体　长：	52~68cm（约相当于 4 个麻雀体长）

识别特征

　　白鹭是阿哈湖国家湿地公园常见的水鸟，具有长腿、长颈和长喙的"三长"特征。它们身披纯白的羽衣，颈部呈明显的"S"形，看上去仙气十足。白鹭喙部黑色，脚趾黄色，这是区分它与大白鹭、中白鹭等其他白鹭的关键特征。繁殖季节，白鹭头后枕部会长出两根细长的饰羽作求偶之用。

生态习性

　　白鹭常在水边的浅滩上单腿伫立，眼睛盯着水面，伺机捕食鱼、虾、昆虫等，休息时则在近岸或者在水边的树上停栖。

　　白鹭营巢于高大的树上。繁殖期间，白鹭常与夜鹭、苍鹭、池鹭等一起聚集在水边的树林筑巢。有研究表明，这种聚集繁殖的行为可以联合防卫天敌，让幼鸟得到较好的保护。

白鹭

【小贴士】如何区分小白鹭（正名为白鹭）、中白鹭与大白鹭

　　和其他鹭鸟一样，阿哈湖国家湿地公园常见的三种白鹭也具有腿长、喙长、颈长的"三长"特征。除此之外，它们全身羽毛均为白色，外观看起来非常相似。经验丰富的观鸟者一般从它们的体形、喙和脚趾的颜色进行简单的区分。

　　大白鹭身长近1米，黄喙，黑脚趾；颈很长，有明显的"S"形扭结，形状奇特，嘴裂超过眼睛；在繁殖期，它的喙部会慢慢变黑，面部呈现青蓝色。

大白鹭

中白鹭

　　中白鹭体形中等，身长约70厘米，喙尖微黑色但整体黄色，黑脚，爪偏黑色；颈部呈"S"形，但不及大白鹭明显。繁殖期的中白鹭，喙可以呈黄色带黑色，亦可能呈全黑色。

　　小白鹭体形最为纤细，黑喙，黑脚，黄脚趾。其颈部较中白鹭和大白鹭短。繁殖期间，小白鹭头顶会长出两条修长的饰羽，背部会长出繁殖羽，俗称"婚羽"。

小白鹭

（4）夜鹭

分　类：	鹈形目 鹭科
学　名：	*Nycticorax nycticorax*
英文名：	Black-crowned Night-heron
别　名：	水洼子、灰洼子、夜鹤、夜游鹤
观察月份：	1~12月
观察地点：	小车河水域、金山湿地
体　长：	48~59cm （约相当于3.5个麻雀体长）

识别特征

　　夜鹭的雌雄同形同色，然而成鸟与幼鸟却有显著的差别。成鸟头、枕部呈略带金属光泽的深蓝灰色，头顶上有两到三根细长的白色蓑羽，其余部分则呈灰色或白色；未成年的夜鹭幼鸟则全身棕色带白色斑纹。

生态习性

　　夜鹭是鸟界有名的"钓鱼翁"，会把野果扔进水里，然后在岸上等待，一旦发现猎物，就蹲着身子慢慢靠近，当猎物进入攻击范围再迅速冲进水中捕食。夜鹭多在黄昏时外出觅食，到天亮时返回，因此得名。但是在小车河边，经常一整天都能看到它们的身影。

夜鹭（亚成体）

(5)苍鹭

分　　类：	鹈形目 鹭科
学　　名：	*Ardea cinerea*
英 文 名：	Grey Heron
别　　名：	长脖老等、灰鹳、青庄、饿老鹳、干老鹳
观察月份：	1~12月
观察地点：	小车河水域、小微湿地、金山湿地、水库支流
体　　长：	80~110cm（约相当于6个麻雀体长）

识别特征

　　苍鹭是体形较大的鹭鸟，**全身羽色偏灰**；和其他鹭鸟一样，具有长喙、长脖子、长腿的"三长"特征，看起来十分清瘦。苍鹭飞行时和猛禽大小接近，但是它们飞行速度慢，且常常弯曲着脖子，很容易与猛禽区分开来。

生态习性

　　苍鹭以鱼、虾、昆虫等动物性食物为食，常单独活动，会长时间盯着水面，以"守株待兔"的方式等待猎物到来，有时等待时间长达数小时之久，故名"长脖老等"。

　　每逢春季，雄性苍鹭头顶会长出黑色的繁殖羽，就像给自己梳了个小辫子。配对成功的苍鹭夫妻会共同筑巢，通常是雄鸟负责运输巢材，雌鸟负责搭建巢穴。苍鹭会与白鹭、夜鹭等鹭鸟集群筑巢，其中，苍鹭的巢位置较高，多在高大乔木的顶端。

长出繁殖羽的苍鹭

51

(6) 普通翠鸟

分　　类：	佛法僧目 翠鸟科
学　　名：	*Alcedo atthis*
英 文 名：	Common Kingfisher
别　　名：	翠鸟、钓鱼郎、小翠、鱼虎、鱼狗、打鱼郎、鱼翠
观察月份：	1~12 月
观察地点：	小车河水域、小微湿地、金山湿地、水库支流、其他水域
体　　长：	15~18cm（比麻雀略大）

识别特征

　　普通翠鸟在阿哈湖国家湿地公园的水边十分常见。它们上身着翠蓝色羽毛，有金属光泽，胸腹部羽毛为橙红色。普通翠鸟的喙部尖长，有经验的观鸟者常用喙的颜色区分普通翠鸟的雌性与雄性：雄鸟下喙为黑色，雌鸟下喙则为橙色。

生态习性

　　普通翠鸟以水中的鱼、虾为食，觅食时会站在伸向水面的枝条上，眼睛紧盯水面，发现猎物时会直直地冲入水中，获取食物后会飞出水面，并将猎物带到惯用的据点进食。

普通翠鸟
Alcedo atthis

(7) 红尾水鸲 (qú)

分　　类：	雀形目 鹟科
学　　名：	*Phoenicurus fuliginosus*
英 文 名：	Plumbeous Water Redstart
别　　名：	蓝石青儿、铅色水翁、铅色水鸲、 溪红尾鸲、溪鸲
观察月份：	1~12 月
观察地点：	小车河水域、小微湿地、水库支流
体　　长：	12~15cm（比麻雀略小）

识别特征

　　红尾水鸲是一种雌雄异色的小鸟。雄鸟全身羽毛呈暗灰蓝色，尾巴则呈砖红色，十分醒目；雌鸟上体灰褐色，下体灰色，杂以不规则的白色斑纹。红尾水鸲无论雌雄，都酷爱抖尾，常在溪流岸边的岩石间觅食，食物以昆虫为主，也吃少量的果实和种子。

生态习性

　　红尾水鸲的巢穴多置于溪流岸边的岩石缝隙、土坎凹陷处，也会在树洞中，巢呈杯状或碗状，通常隐蔽性很好，不易被发现。红尾水鸲通常是雌鸟负责孵卵和营建巢穴，雌雄亲鸟共同育雏，雄鸟会承担更多的守卫工作。

红尾水鸲（雌）

(8) 白顶溪鸲(qú)

分　类：	雀形目 鹟科
学　名：	*Phoenicurus leucocephalus*
英文名：	White-capped Water-redstart
别　名：	白顶水翁、白顶翁、白顶溪红尾
观察月份：	1~12 月
观察地点：	小车河水域
体　长：	16~20cm （约相当于 1 个麻雀体长）

识别特征

　　和红尾水鸲、鹊鸲等鸲类鸟一样，白顶溪鸲体形较小、尾羽较长、嘴短而尖，且具有鲜艳的体色。雌雄外形似，上半身黑色，下半身红色，头顶则有白色的斑块。

白顶溪鸲

生态习性

　　白顶溪鸲偏好水流湍急、布满巨石的溪流环境，在小车河上游（阿哈水库泄洪口）附近就有一对白顶溪鸲常年活动。其生性活泼，酷爱上下抖动尾巴。

　　白顶溪鸲求偶时会摇头晃脑，以求得异性的青睐。繁殖期间，白顶溪鸲经常会发出一长串尖锐的鸣叫，叫声会突然终止。

(9)白鹡鸰
(jí) (líng)

分　类：	雀形目 鹡鸰科
学　名：	*Motacilla alba*
英文名：	White Wagtail
别　名：	点水雀、白颤儿、白面鸟、白颊鹡鸰、眼纹鹡鸰、张飞鸟
观察月份：	1~12月
观察地点：	小车河水域、小车河沿岸、小微湿地、金山湿地、水库支流
体　长：	17~20cm（比麻雀略大）

识别特征

　　白鹡鸰全身羽色以黑、白、灰三色为主，胸部有心形黑斑，体形修长；喙尖而细，是典型的食虫喙。

生态习性

　　白鹡鸰常于草地或者溪流岸边行走觅食，飞行时呈波浪式轨迹行进，边飞边发出"jiling—jiling—"的鸣叫声。白鹡鸰常在地面快速疾走，行走或者停栖时经常上下抖动尾巴。

（10）灰鹡鸰 (jí) (líng)

分　　类：	雀形目 鹡鸰科
学　　名：	*Motacilla cinerea*
英 文 名：	Grey Wagtail
别　　名：	黄腹灰鹡鸰、灰鸰、马兰花儿
观察月份：	10月至翌年2月
观察地点：	小车河沿岸、金山湿地、水库支流
体　　长：	17~20cm（比麻雀略大）

识别特征

　　灰鹡鸰与白鹡鸰形态特征相似，行为模式也几乎相同，但是灰鹡鸰下体为鲜黄色，这是区别于白鹡鸰的重要标志。

生态习性

　　灰鹡鸰在贵阳为冬候鸟，只有在秋、冬季可见。

　　灰鹡鸰是一种与人类关系密切的小鸟，早在《诗经》中就有"脊令在原，兄弟急难"的描述。灰鹡鸰有成群活动的习性，据记载，只要有一只灰鹡鸰离群，其余的都会鸣叫起来寻找同类，因此才被古人用来形容兄弟之间感情的深厚。

灰鹡鸰（繁殖羽）

(11) 褐河乌

分　　类：	雀形目 河乌科
学　　名：	*Cinclus pallasii*
英 文 名：	Brown Dipper
别　　名：	水乌鸦、小水乌鸦、水黑老婆、水老鸹 (guā)
观察月份：	1~12月
观察地点：	小车河水域、水库支流
体　　长：	18~23cm（约相当于1.5个麻雀体长）

识别特征

　　褐河乌全身暗褐色，体形中等，和我们熟悉的乌鸦有些像，民间俗称"水老鸹"。不过和乌鸦不同，褐河乌是一种与水相伴而生的鸟类。它们的羽毛具有防水结构，双脚粗壮有力，可以潜水并在水底行走。

生态习性

　　褐河乌有自己的领地，常常单独行动。它们从出生到筑巢繁殖都是在水边进行的，从不离开自己所处的水域，常被认为是溪流环境良好的指示生物。

(12) 矶鹬 (yù)

分　类：	鸻形目 鹬科
学　名：	*Actitis hypoleucos*
英 文 名：	Common Sandpiper
别　名：	普通鹬
观察月份：	10月至翌年2月
观察地点：	小车河水域、金山湿地
体　长：	16~22cm（比麻雀略大）

识别特征

　　矶鹬属于小型鹬类，其上体的褐色与下体的白色界线分明；翅膀前端有明显的弯月形白斑，是矶鹬与其他鹬类重要的区别。当矶鹬飞起来的时候，翅膀上的白色翼带也是很好的辨识特征。

生态习性

　　矶鹬多单独活动，常在水边的浅滩活动觅食；行走时头会不停地点动，同时会上下摆动尾部；沿着水面低飞时会发出响亮的叫声。

4.2 小车河沿岸

  在小车河河谷两岸的高地上行走，常常会与一些鸟类不期而遇。黄臀鹎、领雀嘴鹎等小鸟成群结队，在河边的乔木上追逐打闹；啄木鸟则"咚咚咚"地敲击着大树的树干；斑头鸺鹠悄无声息地停栖在树顶，静候猎物的到来。在春花盛开的季节，小车河河边的樱花、海棠花，还常常吸引叉尾太阳鸟等喜食花蜜的小鸟的到来，好不热闹！

(1)黄臀鹎 (bēi)

分　类：	雀形目 鹎科
学　名：	*Pycnonotus xanthorrhous*
英 文 名：	Brown-breasted Bulbul
别　名：	黑头鹎、冒天鼓
观察月份：	1~12月
观察地点：	小车河沿岸、南郊公园、小微湿地、金山湿地、凯龙寨
体　长：	17~21cm（比麻雀略大）

识别特征

黄臀鹎体形比麻雀略大，尾羽较长。它们全身羽色较暗，上体以褐色为主，下体为灰白色。除了亮黄色的尾下羽，头顶微微耸起的黑色羽毛和白色的喉部也是黄臀鹎的重要识别特征。

生态习性

黄臀鹎是阿哈湖国家湿地公园最常见的鸟类之一，常成群活动于树林、灌丛和水草丛等植物茂盛的地方。它们主要以植物果实、种子为食，也吃昆虫等动物性食物。

黄臀鹎

（2）领雀嘴鹎(bēi)

分　类：	雀形目 鹎科
学　名：	*Spizixos semitorques*
英 文 名：	Collared Finchbill
别　名：	绿鹦嘴鹎、羊头公、中国圆嘴布鲁布鲁、青冠雀、青菜拐
观察月份：	1~12月
观察地点：	小车河沿岸、南郊公园、小微湿地、金山湿地、凯龙寨
体　长：	17~21cm（比麻雀略大）

识别特征

　　领雀嘴鹎体形比麻雀略大，全身以绿色为主，黑色的头与绿色的身体之间有白色的颈环，尾羽修长，具有黑色端斑，喙部粗短且呈圆锥形。

生态习性

　　领雀嘴鹎是阿哈湖国家湿地公园最常见的鸟类之一，多在开阔的林地、灌丛等地活动，很少在浓密的树林出现，喜欢停栖在树木、灌草丛的顶端。主食种子、果实等植物性食物。

(3) 绿翅短脚鹎 (bēi)

分　类：	雀形目 鹎科
学　名：	*Ixos mcclellandii*
英 文 名：	Mountain Bulbul
别　名：	山短脚鹎
观察月份：	1~12月
观察地点：	小车河沿岸、南郊公园、凯龙寨
体　长：	20~24cm（约相当于1.5个麻雀体长）

识别特征

　　绿翅短脚鹎体形修长，上体呈橄榄绿色，下体灰褐色，头顶羽毛栗褐色，呈散开状。

生态习性

　　绿翅短脚鹎常结小群在乔木冠层或者林下灌木上活动，成群移动时会发出喧闹的叫声。绿翅短脚鹎鸣声富于变化。繁殖季会以杂草、树皮、苔藓等材料编织杯状的巢穴，悬垂在树木的横枝下。主食种子、果实等植物性食物，也会捕食飞虫。

(4)粉红山椒鸟

分　　类：	雀形目 山椒鸟科
学　　名：	*Pericrocotus roseus*
英 文 名：	Rosy Minivet
别　　名：	小灰十字鸟
观察月份：	5~7月
观察地点：	小车河沿岸、其他林区
体　　长：	17~20cm（约相当于1个麻雀体长）

识别特征

　　粉红山椒鸟体形小而纤细，尾长直立。它们最为人熟悉的特征为下半身深浅不一的粉红色，以及双翅上鲜艳的辣椒红，不过这种特征仅限于雄鸟。相对而言，雌鸟体色整体上要暗一些，至于色彩鲜艳的部分，只需要把雄鸟的粉红色和辣椒红色替换成黄色即可。

生态习性

　　粉红山椒鸟喜食昆虫，常成群于树冠上觅食。粉红山椒鸟性活泼，每年的5~7月，如果你在小车河边行走，经常可以看到它们成群追逐的身影。

(5)棕腹啄木鸟

分　　类：	啄木鸟目 啄木鸟科
学　　名：	*Dendrocopos hyperythrus*
英 文 名：	Rufous-bellied Woodpecker
别　　名：	花背锛打木
观察月份：	1~12月
观察地点：	南郊公园、小车河沿岸、小微湿地、其他林区
体　　长：	18~24cm（约相当于 1.5 个麻雀体长）

识别特征

　　棕腹啄木鸟因下体棕色而得名，除此之外，它们还具有黑色杂以白色横斑的背部与尾部。雄鸟头顶至后颈鲜红色，区别于雌鸟黑色杂以白色斑点的头顶部。

生态习性

　　和大多数啄木鸟一样，棕腹啄木鸟也具有攀爬树干的习性，在阿哈湖国家湿地公园"木兰林语"景点的高大乔木上，经常可以看到它们攀附在树干上，取食昆虫等食物。

棕腹啄木鸟

(6) 大斑啄木鸟

分　　类：	啄木鸟目 啄木鸟科
学　　名：	*Dendrocopos major*
英 文 名：	Great Spotted Woodpecker
别　　名：	赤鴷、白花啄木鸟、啄木冠、斑啄木鸟、花啄木
观察月份：	1~12月
观察地点：	南郊公园、小车河沿岸
体　　长：	20~25cm （约相当于 1.5 个麻雀体长）

识别特征

　　大斑啄木鸟体形中等，全身以黑白两色为主，腹部靠近尾羽下端的红色羽毛非常醒目。大斑啄木鸟的四个脚趾中有两趾在前，两趾在后，可以帮助它们牢牢地攀附在树干上。和其他鸟类相比，啄木鸟的尾羽更加坚硬，可以起支撑身体的作用。

生态习性

　　大斑啄木鸟常被发现于树干上，从树皮的裂缝中啄食昆虫的幼虫等。它们向来偏爱有大量枯木和倒木的环境，这样的环境不仅是大斑啄木鸟筑巢的理想场所，也为它们提供了丰富的食物。

(7) 斑头鸺鹠 (xiū) (liú)

分　　类：	鸮形目 鸱鸮科
学　　名：	*Glaucidium cuculoides*
英 文 名：	Asian Barred Owlet
别　　名：	横纹小鸮、横纹鸺鹠、猫王鸟、猫儿头、小猫头鹰、猫咕噜
观察月份：	1~12月
观察地点：	南郊公园、小车河沿岸、凯龙寨、其他林区
体　　长：	20~26cm（约相当于1.5个麻雀体长）

识别特征

　　斑头鸺鹠是一种小型鸮类，身体仅比麻雀大一些，但是在鸺鹠家族，却是体形最大的一种。斑头鸺鹠头圆眼大，没有角羽，全身以褐色为主，杂以白色斑纹，只有虹膜和喙部是鲜艳的黄色。

生态习性

　　斑头鸺鹠是阿哈湖国家湿地公园比较容易观察到的一种猫头鹰。和大多数猫头鹰不同，斑头鸺鹠主要在日间活动，以昆虫、蜥蜴、鼠和其他小型动物为食。天气晴朗的早晨和傍晚，常常会见到它们停栖在高大乔木的顶端。

斑头鸺鹠
Glaucidium cuculoides

(8) 灰腹绣眼鸟

分　类：	雀形目 绣眼鸟科
学　名：	*Zosterops palpebrosus*
英文名：	Indian White-eye
别　名：	绣眼鸟
观察月份：	1~12月
观察地点：	南郊公园、小车河沿岸、凯龙寨、其他林区
体　长：	9~11cm（比麻雀略小）

识别特征

　　灰腹绣眼鸟常成群结队地出没于阿哈湖国家湿地公园的森林、灌丛中，是一种体形较小的鸟类。它们的头部至背部呈黄绿色，腹部浅灰色，眼睛周围有醒目的白色眼圈。

生态习性

　　灰腹绣眼鸟以蜘蛛或蚜虫等昆虫为食，也喜欢花蜜或花粉，食物因季节而异。春天，它们常聚集在山茶花、樱花、海棠花树上吸食花蜜、花粉，同时也会帮助花朵授粉。秋季果实丰收，灰腹绣眼鸟也会啄食柿子等甜蜜多汁的浆果。

(9)叉尾太阳鸟

分　　类：	雀形目 花蜜鸟科
学　　名：	*Aethopyga christinae*
英 文 名：	Fork-tailed Sunbird
别　　名：	燕尾太阳鸟、亚洲蜂鸟
观察月份：	1~12月
观察地点：	南郊公园、小车河沿岸、其他林区
体　　长：	8~11cm （约相当于0.5个麻雀体长）

识别特征

　　叉尾太阳鸟雌雄异色，雌鸟羽色较朴素，背部黄绿色，腹部灰白色，可以很好地躲藏在茂密的枝叶中不被发现。雄鸟羽色艳丽，头顶和尾羽呈蓝绿色，泛着金属光泽，橄榄绿色的背部形成鲜明的对比；喉部鲜红色，与白色的胸部有明显的分界；仅雄鸟有明显的叉尾。

叉尾太阳鸟（雌）

生态习性

叉尾太阳鸟（雌）

　　叉尾太阳鸟被称为"**亚洲蜂鸟**"，是一种以花蜜为主食的鸟类。它体形娇小，喙细长而下弯，舌头呈管状，可以深入花朵内部吸食其中的花蜜。

（10）橙腹叶鹎(bēi)

分　　类：	雀形目 叶鹎科
学　　名：	*Chloropsis lazulina*
英 文 名：	Grayish-crowned Leafbird
别　　名：	彩绿、橙腹木叶鸟
观察月份：	1~12月
观察地点：	小车河沿岸
体　　长：	17~21cm（比麻雀略大）

识别特征

　　橙腹叶鹎所属的"叶鹎"家族的鸟类以绿色的外表而著称，这可以帮助它们很好地躲藏在绿叶丛中而不被捕食者发现。橙腹叶鹎的"橙腹"主要是指雄性成鸟，其同时还有宝蓝色的喉部、翅膀和尾巴，下喙基部有明亮的蓝色条纹；橙腹叶鹎雌鸟全身以绿色为主，只有下喙基部、翅膀和尾部羽毛微微着蓝色，与雄鸟差异明显。

橙腹叶鹎（雌）

生态习性

　　橙腹叶鹎取食广泛，从昆虫到果实，再到花蜜，它们会因地、因时选择适合的食物。其具有强烈的领域行为，会毫不留情地将入侵者驱赶。橙腹叶鹎极擅长模仿其他鸟类的鸣叫声，鸣声中常掺杂着各种鸟鸣，包括各种鹎类、太阳鸟、喜鹊及卷尾、蛇雕等猛禽的鸟鸣。

(11) 紫啸鸫(dōng)

分　类：	雀形目 鹟科
学　名：	*Myophonus caeruleus*
英文名：	Blue Whistling Thrush
别　名：	鸣鸡、乌精、乌春、茅丝雀
观察月份：	1~12月
观察地点：	南郊公园、小车河沿岸、凯龙寨、其他林区
体　长：	28~33cm（约相当于2个麻雀体长）

识别特征

在小车河边行走，偶尔可见到身披蓝紫色羽衣的紫啸鸫。紫啸鸫的羽毛带着金属光泽，远看接近黑色；用望远镜近距离观察，会发现其胸部散布着亮蓝色的斑块，还有暗红色的虹膜可供辨识。

生态习性

紫啸鸫以溪流岸边的水生昆虫、螃蟹等为食。常单独或成对沿着河岸，在石头上跳跃并快速移动，并翻转树叶或者小石头，检查是否有猎物在移动。在溪流岸边停驻时，时常扇动尾羽，像玩弄折扇一样进行尾巴扩张与收缩的动作。

紫啸鸫的巢穴由苔藓、草茎等铺成杯状，放置于溪流旁边的岩石突出部分或者是洞穴中。夏季是紫啸鸫的繁殖季节，它们通常一窝会下3~4颗蛋。紫啸鸫喂食的食物有果实、蚯蚓、昆虫、螃蟹和小蛇等，在喂食螃蟹和小蛇前，会将其放在石头上猛烈捣碎。

紫啸鸫

（12）棕颈钩嘴鹛(méi)

分　　类：	雀形目 林鹛科
学　　名：	*Pomatorhinus ruficollis*
英 文 名：	Streak-breasted Scimitar Babbler
别　　名：	小画眉、小钩嘴嘈鹛、小钩嘴嘈杂鸟、小钩嘴鹛
观察月份：	1~12月
观察地点：	南郊公园、小车河沿岸、凯龙寨、其他林区
体　　长：	16~19cm（比麻雀略大）

识别特征

棕颈钩嘴鹛体形比麻雀略大，有着显著的白色长眉纹、黑色眼先、白色喉部和栗色颈圈。胸具纵纹是其重要的识别特征。

生态习性

和其他鹛类一样，棕颈钩嘴鹛较常活跃于林下、灌丛等生境，通常成对或集小群活动，也会和白颊噪鹛等鸟类混群。棕颈钩嘴鹛鸣声单调、清脆而响亮，三声一度，似"tu—tu—tu"的哨声，极具辨识性，但由于它们生性胆怯，往往"只闻其声而不见其影"。

棕颈钩嘴鹛

（13）戴胜

分　类：	犀鸟目 戴胜科
学　名：	*Upupa epops*
英文名：	Eurasian Hoopoe
别　名：	胡哱哱、花蒲扇、山和尚、鸡冠鸟、臭姑鸪、屎咕咕
观察月份：	1~12月
观察地点：	南郊公园、小车河沿岸、小微湿地、其他林区
体　长：	25~32cm（约相当于2个麻雀体长）

识别特征

　　戴胜外形独特，很容易与其他鸟类区分。它们背部的羽毛主要为浅褐色，并且有大面积的黑色和白色条纹。头顶的冠羽在兴奋的时候会耸起，颇似中国古代传统的礼帽"戴胜"，因此得名。戴胜的喙部修长而下弯，可以帮助它们探测和抓取昆虫和蚯蚓、蝼蛄等食物。

生态习性

　　戴胜别名"臭姑鸪"，一方面是因为它们吃喝拉撒全在巢穴里，因此总是"臭味熏天"，不过这样也会让蛇等天敌望而却步；另一方面，戴胜的叫声十分有节奏，似"gu—gu—"，与珠颈斑鸠的"gugugu—gu—"略有不同。

4.3 梯塘小微湿地

　　小微湿地中茂盛的水生植物和小水塘是池鹭理想的栖息地，每到水草丰盛的夏季，池鹭、白胸苦恶鸟等夏候鸟总会如约而至。水生植物除了为水鸟提供隐蔽的栖息环境之外，它们结的果实也深受白腰文鸟等喜食种子的小鸟喜爱，常常吸引小鸟们驻足停栖。

（1）池鹭

分　类：	鹈形目 鹭科
学　名：	*Ardeola bacchus*
英 文 名：	Chinese Pond Heron
别　名：	红毛鹭、中国池鹭、沼鹭、红头鹭鸶、田螺鹭、沙鹭、花鹭鸶、花窖子
观察月份：	1~12月
观察地点：	小车河水域、小微湿地、金山湿地、水库支流
体　长：	38~50cm（约相当于3个麻雀体长）

识别特征

　　池鹭是体形较小的鹭鸟，腹部白色，背部深褐色并呈现出蓑羽状。3~7月的繁殖季，池鹭会换上一套华丽的繁殖羽。此时，它的头、颈部的颜色都是泛红光的栗红色，背部呈现酱紫色。

生态习性

　　池鹭喜欢在小微湿地等浅水区活动，以水中的鱼、虾及蜻蜓、蜉象等为食。繁殖期间，池鹭有与白鹭、夜鹭等混群筑巢的习惯。春末夏初，在同一片鹭鸟树林中可以见到各种不同的鹭类筑巢。

池鹭（冬羽）

（2）白胸苦恶鸟

分　　类：	鹤形目 秧鸡科
学　　名：	*Amaurornis phoenicurus*
英 文 名：	White-breasted Waterhen
别　　名：	骨顶鸡、白冠鸡、白冠水鸡
观察月份：	10月至翌年2月
观察地点：	金山湿地、其他水域
体　　长：	35~41cm（约相当于2.5个麻雀体长）

识别特征

很多地方将白胸苦恶鸟称为"白冠水鸡"。这两个名字十分形象地概括了这种鸟身体白色部位的特征。除此之外，白胸苦恶鸟还有长腿、长脚趾、短尾巴等特征，这些特征可以帮助它们在茂密的水草丛中穿行无阻。

生态习性

白胸苦恶鸟性极胆怯，常单独或成对在清晨、黄昏和夜间活动，白天则藏身于水草丛中，轻易不出来，见人会飞速钻入草丛中。它们是杂食性鸟类，会吃昆虫、蜗牛、小鱼等动物性食物，以及种子、谷粒、芦苇茎等植物性食物。繁殖期间，鸟爸爸和鸟妈妈会轮流孵卵、喂养和照顾幼鸟，幼鸟全身乌黑，就像一个个毛茸茸的黑团子。

(3)白腰文鸟

分　　类：	雀形目 梅花雀科
学　　名：	*Lonchura striata*
英 文 名：	White-rumped Munia
别　　名：	偷馅雀、白丽鸟、十姊妹、算命鸟、衔珠鸟、观音鸟
观察月份：	1~12月
观察地点：	南郊公园、小车河沿岸、小微湿地
体　　长：	10~12cm（比麻雀体形略小）

识别特征

　　白腰文鸟体形娇小，全身大都呈暗褐色，腰部为白色。白腰文鸟的喙部粗壮，呈圆锥形，这是典型的以种子为食的喙部特征。

生态习性

　　白腰文鸟喜食种子，常聚集在一起觅食，尤其是在冬季，常数十只聚集在一起觅食、休息，民间有"十姊妹"之称。

白腰文鸟

(4)白颊噪鹛 (méi)

分　　类：	雀形目 噪鹛科
学　　名：	*Pterorhinus sannio*
英 文 名：	White-browed Laughingthrush
别　　名：	土画眉、白颊笑鸫、白眉笑鸫、白眉噪鹛
观察月份：	1~12月
观察地点：	南郊公园、小车河沿岸、小微湿地、金山湿地、凯龙寨
体　　长：	21~25cm（约相当于1.5个麻雀体长）

识别特征

　　白颊噪鹛是一种比较低调的鸟类，全身羽毛以灰褐色为主，可以帮助它们巧妙地隐藏在开阔的泥地、枯草丛中。其眼睛周围的白色纹路是识别白颊噪鹛的重要特征。

生态习性

　　白颊噪鹛喜集群活动，常成群结队地在地面觅食，不是很怕人。白颊噪鹛性喧闹，会发出响亮的叫声，有"土画眉"之称，但叫声不及画眉悦耳。

(5)红头长尾山雀

分　　类：	雀形目 长尾山雀科
学　　名：	*Aegithalos concinnus*
英 文 名：	Black-throated Bushtit
别　　名：	红头山雀、红顶山雀、小熊猫、小老虎、红宝宝儿
观察月份：	1~12月
观察地点：	南郊公园、小车河沿岸、凯龙寨、其他林区
体　　长：	9~11cm（比麻雀小）

识别特征

　　红头长尾山雀是一种体形娇小的鸟类，全身羽色鲜明，有黑、白、棕红三种颜色，其中，尤以棕红色的头部、黑色的"眼罩"和胸前黑色的"围兜"最具识别性。

生态习性

　　红头长尾山雀主要以群体为单位生活，常在树枝上集群觅食，当从一棵树移动到另一棵树时会形成"鸟浪"。一旦发现猛禽等天敌，红头长尾山雀会发出尖锐的叫声，提醒同伴注意危险。

（6）灰喉鸦雀

分　　类：	雀形目 鸦雀科
学　　名：	*Sinosuthora alphonsiana*
英 文 名：	Ashy-throated Parrotbill
别　　名：	黄豆仔
观察月份：	1~12月
观察地点：	南郊公园、小车河沿岸、小微湿地、金山湿地、凯龙寨
体　　长：	12~13cm（比麻雀略小）

识别特征

　　灰喉鸦雀体形娇小圆润，像一个"团子"，十分可爱。全身羽色以棕红色和灰色为主。喙部较短，很具识别性。

生态习性

　　灰喉鸦雀性格活泼，常集群在较为开阔的灌丛中穿来穿去，以昆虫为主要食物。灰喉鸦雀叫声响亮，尤其是在受到惊吓时，会发出刺耳的叫声，提醒同伴危险的到来。

4.4 南郊公园

　　白龙洞附近的区域，是阿哈湖国家湿地公园最早开发的区域之一，被称为南郊公园。相比小车河沿线，这里人类活动相对稀少，起伏的山丘上植被茂盛，发育有开阔的林地，是许多林鸟理想的栖居地。草地上，经常可以见到黑胸鸫、珠颈斑鸠等行走觅食；灌丛中会传来强脚树莺等的鸣声，茂密的灌丛为它们提供了很好的隐蔽所，使其往往"只闻其声而不见其形"；更高处的树木上，还有机会观察到红嘴蓝鹊、松鸦和杜鹃等深受观鸟者喜爱的鸟类。

(1)黑胸鸫 (dōng)

分 类：	雀形目 鸫科
学 名：	*Turdus dissimilis*
英 文 名：	Black-breasted Thrush
观察月份：	1~12月
观察地点：	南郊公园、小车河沿岸、小微湿地、凯龙寨
体 长：	20~30cm（约相当于2个麻雀体长）

识别特征

　　黑胸鸫的黑胸仅见于雄鸟。除了胸部之外，黑胸鸫的头部也几乎全黑色，只有眼圈和喙为鲜黄色，与黑色的头部形成对比。此外，雄性黑胸鸫的腹部中央为白色，两胁为橙黄色，十分显眼。和雄鸟相比，雌性黑胸鸫整体羽色要低调得多。

生态习性

　　黑胸鸫是一种地栖性鸟类，常在地面活动觅食，主食昆虫；擅鸣叫，叫声悦耳多变，较容易辨识。因为性格胆怯，黑胸鸫遇到惊扰时会躲进茂密的灌丛中，往往"只能闻其声而难见其影"。

(2)乌鸫 (dōng)

分　　类：	雀形目 鸫科
学　　名：	*Turdus mandarinus*
英 文 名：	Chinese Blackbird
别　　名：	百舌鸟、反舌鸟、中国黑鸫、黑鸫、乌鸫、黑鸟、黑雀
观察月份：	1~12月
观察地点：	南郊公园、小车河沿岸、小微湿地、金山湿地、凯龙寨
体　　长：	26~28cm（约相当于2个麻雀体长）

识别特征

　　乌鸫的外形看上去非常朴素，全身黑黑的，常被不了解的人错认成乌鸦。不过和全身黑色的乌鸦相比，雄性乌鸫的眼圈和喙是鲜艳的黄色，雌性和初生的乌鸫则整个身体都是灰扑扑的。

生态习性

　　别看乌鸫其貌不扬，叫声却婉转动听、富于变化，民间有"百舌鸟"的美誉。它们的叫声有一百二十余种变化，而极善鸣的画眉也不过五十余种。乌鸫还是效鸣高手，它从画眉、燕子、黄鹂、柳莺到喜鹊乃至小鸡的叫声，无不学得惟妙惟肖。

（3）珠颈斑鸠(jiū)

分　　类：	鸽形目 鸠鸽科
学　　名：	*Streptopelia chinensis*
英 文 名：	Spotted Dove
别　　名：	花脖斑鸠、珍珠鸠、斑颈鸠、珠颈鸽、野鸽子、花斑鸠、灰咕咕
观察月份：	1~12月
观察地点：	南郊公园、小车河沿岸、凯龙寨、其他林区
体　　长：	30~33cm（约相当于2个麻雀体长）

识别特征

　　珠颈斑鸠是贵阳市中最常见的鸟类之一，因它们体形和羽色均与家鸽相似，常被误认为是"野鸽子"。不过要识别珠颈斑鸠也很容易，从"珠颈"二字，便没法不注意它后颈黑色羽毛上密布的白色点斑，像许许多多的"珍珠"散落在颈部，看上去贵气十足。

生态习性

　　珠颈斑鸠喜欢独来独往，有时也会成对出现。它们常被发现于开阔的地面，是一种十分温驯的鸟类，会与人类保持恰当的距离，不过在受到惊吓时会突然惊起。珠颈斑鸠会发出"gugugu—gu—"的鸣声，十分容易辨别。

珠颈斑鸠
Streptopelia chinensis

(4)山斑鸠^(jiū)

分　类：	鸽形目 鸠鸽科
学　名：	*Streptopelia orientalis*
英 文 名：	Oriental Turtle Dove
别　名：	斑鸠、金背斑鸠、麒麟鸠、灰咕咕、山鸠
观察月份：	1~12月
观察地点：	南郊公园、小车河沿岸、凯龙寨、其他林区
体　长：	30~33cm（约相当于2个麻雀体长）

识别特征

　　山斑鸠又被称为**金背斑鸠、麒麟鸠**，这是因为和珠颈斑鸠相比，它们背部羽毛的尖端为红褐色。此外，和珠颈斑鸠的"珠颈"不同，山斑鸠的后颈部为黑白相间的条纹，十分容易辨别。

生态习性

　　山斑鸠几乎常年成对活动，是夫妻关系非常好的鸟类。它们喜食植物的果实、种子、嫩芽等，多在开阔地面觅食。进入繁殖期的雄性山斑鸠为了吸引雌性的注意，会反复做敬礼的动作。

(5)强脚树莺

分 类：	雀形目 树莺科
学 名：	*Horornis fortipes*
英 文 名：	Brownish-flanked Bush Warbler
别 名：	山树莺、告春鸟、棕胁树莺、白水杨梅
观察月份：	1~12月
观察地点：	南郊公园、小车河沿岸、小微湿地、金山湿地、凯龙寨、其他林区
体 长：	10~12cm（比麻雀略小）

识别特征

强脚树莺体形娇小，全身呈黄褐色，羽色较暗，在外形上整体来说比较低调。

生态习性

强脚树莺喜欢在茂密的灌丛中活动，再加上体色与环境色十分相近，很难被发现。它们性喜鸣叫，声音具有很高的识别性，似"儿—紧睡"或"儿—紧睡起"，非常有节奏感。

（6）红嘴相思鸟

分 类：	雀形目 噪鹛科
学 名：	*Leiothrix lutea*
英 文 名：	Red-billed Leiothrix
别 名：	相思鸟、红嘴玉、五彩相思鸟、红嘴鸟
观察月份：	1~12 月
观察地点：	南郊公园、小车河沿岸、凯龙寨、其他林区
体 长：	13~15cm（比麻雀略小）

识别特征

红嘴相思鸟具有鲜红色的喙部，若把一对雌鸟和雄鸟分开养，它们会彼此召唤鸣叫，故名。此鸟全身色彩华美，样子娇小可爱，深受观鸟爱好者的喜欢。

生态习性

红嘴相思鸟一般会躲在茂密的灌丛中活动，通过鸣声与同伴交流，叫声婉转动听。作为民间有名的"笼养观赏鸟"，红嘴相思鸟野外数量稀少，已被列为国家二级保护野生动物。

红嘴相思鸟
Leiothrix lutea

（7）大山雀

分　类：	雀形目 山雀科
学　名：	*Parus minor*
英 文 名：	Japanese Tit
别　名：	白脸山雀、四喜、子黑、子伯、仔仔黑
观察月份：	1~12月
观察地点：	南郊公园、小车河沿岸、小微湿地、其他林区
体　长：	13~15cm（比麻雀略小）

识别特征

　　大山雀是阿哈湖国家湿地公园最常见的鸟类之一，它们体形娇小，全身大致有黑、白、灰（绿）三色，不同色块之间界线清晰。大山雀下体从喉部、胸部到腹部的中央有一条黑色纵带，是其重要的识别特征。其头部蓝黑色，衬托着洁白的两颊，好像京剧脸谱中的大白脸，因此又被称为"白脸山雀"。

生态习性

　　与其他山雀科鸟类一样，大山雀也是典型的食虫鸟类，构成其食谱的主要是各类昆虫。它们捕虫技术高超，会在树叶丛中、树枝、树干等多处寻觅昆虫。山雀科鸟类一般会选择岩洞、树洞等地方筑巢，还会利用人工巢箱。大山雀、绿背山雀等鸟类都是阿哈湖国家湿地公园人工巢箱的常客。

(8)虎纹伯劳

分　　类:	雀形目 伯劳科
学　　名:	*Lanius tigrinus*
英 文 名:	Tiger Shrike
别　　名:	花伯劳、虎伯劳、虎鸡、粗嘴伯劳
观察月份:	1~12月
观察地点:	南郊公园、其他林区
体　　长:	16~19cm（比麻雀略大）

识别特征

　　虎纹伯劳背部羽毛为栗红色，杂以淡色鳞状斑纹，因此得名。和雌鸟相比，雄性虎纹伯劳全身的羽色更加分明，黑色的贯眼纹、蓝灰色的头部，以及白色的下体均是识别雄性虎纹伯劳的重要标志。因为其喙粗壮而侧扁，先端向下弯曲形成利钩，所以能很牢靠地捉住动物，使其不易从嘴里逃脱。

生态习性

　　虎纹伯劳经常停栖在植物最高处的树枝上，四处张望，一旦发现有猎物出现便会迅速猛扑过去，捕获猎物后又会重新返回原来的树枝上啄食。它们不仅捕捉昆虫，还能捕捉比自己体形大的鸟类。

（9）松鸦

分　类：	雀形目 鸦科
学　名：	*Garrulus glandarius*
英 文 名：	Eurasian Jay
别　名：	沙和尚、山和尚、檀鸟
观察月份：	1~12月
观察地点：	小车河沿岸、其他林区
体　长：	28~35cm（约相当于2个麻雀体长）

识别特征

　　松鸦全身由棕色、黑色和白色色块拼贴而成。两翅前端带有明亮的蓝色斑，是野外识别松鸦非常重要的标志。

生态习性

　　松鸦黑色的喙十分结实，可以咬破坚硬的橡子。每年秋季橡子成熟的季节，松鸦会将收获的橡子分散埋藏起来，等到食物匮乏的时候，再把它们翻找出来。松鸦常单独或集小群在森林中活动。它的鸣声多样，遇到危险时，会发出粗糙刺耳的尖叫声，以警戒同伴；同时，还会模仿灰林鸮、松雀鹰等猛禽的声音，以逃避攻击。

（10）大杜鹃

分　类：	鹃形目 杜鹃科
学　名：	*Cuculus canorus*
英 文 名：	Common Cuckoo
别　名：	布谷鸟、喀咕、子规、杜宇、郭公、获谷
观察月份：	5~7月
观察地点：	南郊公园、凯龙寨、其他林区
体　长：	28~37cm（约相当于2个麻雀体长）

识别特征

　　大杜鹃体形中等，具有长尾、黄腿、黄眼睛和尖尖的双翅。其全身羽色偏灰，腹部灰白色且有横纹。飞行时，大杜鹃会直线前进，就像一只小鹰。

生态习性

　　大杜鹃是一种夏候鸟，也是家喻户晓的布谷鸟。它们到来时恰逢播种季，鸣声似"布谷—布谷—"，仿佛在提醒人们赶快播种。大杜鹃还是鸟界有名的"骗子"，经常把自己的卵寄生在其他鸟巢中，由其他鸟代为抚养。

（11）大鹰鹃

分　　类：	鹃形目 杜鹃科
学　　名：	*Hierococcyx sparverioides*
英 文 名：	Large Hawk Cuckoo
别　　名：	子规、鹰头杜鹃、贵贵阳、米贵阳、阳雀
观察月份：	4~7 月
观察地点：	南郊公园、凯龙寨、其他林区
体　　长：	38~40cm （约相当于2.5个麻雀体长）

识别特征

　　大鹰鹃的身体与凤头鹰等猛禽很像，只是体形略小。它们具有灰褐色的上体，布满横纹的下体和带有横纹的长尾巴，成鸟胸前一抹棕红色的羽毛十分显眼。和成鸟不同，幼鸟下体布满竖向的点状斑纹，尾羽下方为横条纹。

生态习性

　　大鹰鹃叫声独特，似"贵—贵—阳—""米—贵—阳—"，会重复多次，越叫越嘹亮，然后突然停止。因其活跃在树冠层，观鸟者往往只闻其声而不见其形。

（12）红嘴蓝鹊

分　类：	雀形目 鸦科
学　名：	*Urocissa erythroryncha*
英 文 名：	Red-billed Blue Magpie
别　名：	赤尾山鸦、长尾山鹊、长尾巴练、山鹧
观察月份：	1~12 月
观察地点：	南郊公园、小车河沿岸、小微湿地、金山湿地
体　长：	53~68cm （约相当于 4 个麻雀体长）

识别特征

红嘴蓝鹊

红嘴蓝鹊拥有红色的喙和脚，羽毛以蓝色为主，暗蓝色的尾特别长，中央尾羽的尖端为白色，外侧尾羽有黑白相间的宽阔带纹。

生态习性

红嘴蓝鹊虽然外表优美，但其实有很凶悍的一面，甚至可以围攻猛禽。每年春天的繁殖期，亲鸟的护巢性极强，性情十分凶悍，人若接近其巢区，则啼叫、飞舞不止，甚至对人进行攻击。

【小贴士】神话中的青鸟

红嘴蓝鹊据称是神话传说中西王母的青鸟，常见于花鸟画的题材，是一种寓意吉祥的鸟，它们的长尾代表着长寿。

4.5 凯龙寨林区

　　有些鸟类偏好植物生长茂密、受到人类活动干扰较少的天然森林。在阿哈湖国家湿地公园的凯龙寨等区域，分布有大片的原生性较高的森林，是鸟类理想的栖息地。由于其位于阿哈湖国家湿地公园的保育区范围内，为了更好地保护这里的自然生态环境，这里的观鸟活动应该严格遵守阿哈湖国家湿地公园的相关管理规定。

（1）红腹锦鸡

分　　类：	鸡形目 雉科
学　　名：	*Chrysolophus pictus*
英 文 名：	Golden Pheasant
别　　名：	金鸡、锦鸡
观察月份：	1~12 月
观察地点：	小车河沿岸、凯龙寨、其他林区
体　　长：	86~108cm（雄）、59~70cm（雌） （约相当于 4~6 个麻雀体长）

识别特征

　　中国特有种，有"金鸡""人间凤凰"等美称。雄鸡头顶金黄色丝状羽冠，腹部则是艳丽夺目的血红色，鸟身加上黑棕相间的尾部羽毛可长达1米。相比之下，雌鸡则低调的多，全身是极不起眼的灰褐色，杂以黑色斑点。

生态习性

　　红腹锦鸡在每年的4~7月会进入繁殖季。群居的雄鸟在繁殖期间会有领地意识，为了心仪的雌性也会大打出手。发现中意的异性后，雄鸟会以雌鸟为圆心环绕雌鸟进行复杂的求爱仪式，包括特定路线的环绕舞蹈、展示美丽羽毛的炫耀行为、扭动身躯的求爱舞蹈等行为，这种表演可以坚持近2个小时。

【小贴士】神话中的凤凰鸟

　　红腹锦鸡在传统文化中象征着吉祥，是中国古代神话中凤凰的原型。在贵州有锦鸡苗族，其以红腹锦鸡（凤凰）为图腾，在重要节日和祭祀活动中，身穿与红腹锦鸡非常相似的锦鸡服饰，在芦笙的伴奏下，模拟红腹锦鸡求偶的步态舞蹈。这种舞蹈被称为锦鸡舞。

红腹锦鸡
Chrysolophus pictus

（2）灰胸竹鸡

分　　类：	鸡形目 雉科
学　　名：	*Bambusicola thoracicus*
英 文 名：	Chinese Bamboo Partridge
别　　名：	普通竹鸡、竹鸡、山菌子、地主婆、竹鹧鸪
观察月份：	1~12 月
观察地点：	小车河沿岸、凯龙寨、其他林区
体　　长：	22~37cm（约相当于 2 个麻雀体长）

识别特征

　　灰胸竹鸡体长比家鸽还要短一些，是一种体形较小的雉鸡。全身羽毛以灰色、棕色为主，全身多斑点，这可以让它们很好地隐蔽在林下的枯枝落叶丛中而不被发现。

生态习性

　　灰胸竹鸡擅鸣，声音响亮，叫声似不断重复的"你不乖"或"你作怪"，极具辨识性。它们领域性极强，有相对固定的栖息地和觅食地，尤其是雄性，经常为守护领地与其他鸟类打斗；常集群活动，以林下的杂草、种子、果实或者蚯蚓等为食。

(3) 丘鹬 (yù)

分　　类：	鸻形目 鹬科
学　　名：	*Scolopax rusticola*
英 文 名：	Eurasian Woodcock
别　　名：	山鹬、老嘴弯、大水行、山沙锥
观察月份：	10月至翌年2月
观察地点：	凯龙寨
体　　长：	32~42cm （约相当于2.5个麻雀体长）

识别特征

丘鹬生活在阴暗潮湿、落叶层较厚的森林地面上，全身的羽色与落叶的颜色非常接近，不动时几乎与落叶融为一体。作为一种鸻鹬类，丘鹬拥有一个长长的喙，会像探针一样刺探地面是否有食物。

生态习性

丘鹬以地面的蚯蚓等蠕虫为食，一般在黄昏或者夜晚才出来活动，受到惊扰时会就地蹲伏，惊扰过近时则跑开或低飞而起。丘鹬性孤独，常单独生活，不喜集群，也少鸣叫，是一种很难观察到的鸟类。

丘鹬

(4)普通夜鹰

分　类：	夜鹰目 夜鹰科
学　名：	*Caprimulgus jotaka*
英文名：	Grey Nightjar
别　名：	蚊母鸟、贴树皮、鬼鸟、夜燕
观察月份：	5~8月
观察地点：	凯龙寨
体　长：	25~27cm（约相当于2个麻雀体长）

识别特征

普通夜鹰体形中等，全身羽毛以褐色和棕色为主，深浅不一，与树皮、枯草颜色十分接近。白天，它们蹲伏于林中草地上或卧伏在阴暗的树干上，很难被发现。

生态习性

普通夜鹰是一种行踪隐秘的夜行性鸟类，只在黄昏和晚上出来活动，在空中回旋飞行捕食昆虫。繁殖期间，常在晚上和黄昏鸣叫不息，其声尖厉，似不断快速重复的"chuck"或"tuck"。其巢穴甚简陋，或者无巢。普通夜鹰直接将看似石头的卵产于地面苔藓上。

普通夜鹰
Caprimulgus jotaka

（5）黑鸢 (yuān)

分　类：	鹰形目 鹰科
学　名：	*Milvus migrans*
英文名：	Black Kite
别　名：	黑耳鸢、老鹰、麻鹰、老雕、鸡屎鹰
观察月份：	1~12 月
观察地点：	南郊公园、小车河沿岸、凯龙寨、其他林区、其他水域
体　长：	54~69cm（约相当于 4 个麻雀体长）

识别特征

黑鸢俗称"老鹰"，是人们心中标准的猛禽模样：体形大，全身暗色，鹰爪和喙部都十分锐利。除此之外，黑鸢没有什么突出的特征。

生态习性

黑鸢喜集群，尤其是在非繁殖季，经常聚集在一起飞行、觅食与休息，迁徙季还会集结成"鹰河""鹰柱"等奇观。黑鸢会乘午后的热气流盘旋而上，飞行时看起来毫不费力，能相当轻松地滑翔，改变飞行方向。

(6)灰林鸮(xiāo)

分　类：	鸮形目 鸱鸮科
学　名：	*Strix nivicolum*
英 文 名：	Himalayan Owl
别　名：	猫头鹰
观察月份：	1~12月
观察地点：	凯龙寨、其他林区
体　长：	37~40cm （约相当于 2.5 个麻雀体长）

识别特征

　　灰林鸮是一种体形中等的猫头鹰，头大而圆，没有耸起的耳羽，围绕双眼的面盘似中间切开的苹果剖面。灰林鸮整体呈褐色，布满斑纹。和其他雌雄异形的鸟类不同，灰林鸮的雌鸟比雄鸟个头要大一些。

灰林鸮

生态习性

　　灰林鸮生活在低海拔地区的森林里，以树洞为巢，也会利用喜鹊等鸟类的旧巢。和大多数夜行性猫头鹰一样，灰林鸮具有敏锐的视觉和听觉，这可以让它们在昏暗的夜晚也能探查到周遭的风吹草动。灰林鸮雌鸟和雄鸟均会鸣叫，夜晚时常会发出"呼—呼—"的鸣声。

4.6 金山湿地

　　阿哈水库南部水岸的金山村，属于阿哈湖国家湿地公园的保育区范围。这里的浅水沼泽湿地水草茂盛，是许多冬候鸟的越冬地。如果你冬天来到这里，可能会发现丰富的鸭类和鸻鹬类在此栖息，在周围农田还可以观察到牛背鹭、灰椋鸟、黑领椋鸟、白尾鹞等喜欢农田生境的鸟类。

(1) 斑嘴鸭

分　　类：	雁形目 鸭科
学　　名：	*Anas zonorhyncha*
英 文 名：	Chinese Spot-billed Duck
别　　名：	谷鸭、对鸭、花嘴鸭、黄嘴尖鸭
观察月份：	10 月至翌年 2 月
观察地点：	金山湿地
体　　长：	58~63cm（约相当于 4 个麻雀体长）

识别特征

　　斑嘴鸭的体形与家鸭大小差不多，黑色的喙部先端黄色，故名斑嘴鸭。斑嘴鸭羽色朴素，雌性和雄性斑嘴鸭无论在体形大小还是羽毛颜色上都十分相似。停栖或飞行时，斑嘴鸭会露出紫色的翼镜，十分显眼。

生态习性

　　斑嘴鸭主要以水中的水草为食，也吃水生昆虫、鱼、虾等动物性食物。冬季，斑嘴鸭会集小群在阿哈水库宽阔的湖面上活动觅食，休息时则多集中在岸边沙滩或水中小岛上。

（2）赤麻鸭

分　　类：	雁形目 鸭科
学　　名：	*Tadorna ferruginea*
英 文 名：	Ruddy Shelduck
别　　名：	黄鸭、黄凫、渎凫
观察月份：	10 月至翌年 2 月
观察地点：	金山湿地
体　　长：	58~70cm（约相当于 4 个麻雀体长）

识别特征

　　赤麻鸭体形与家鸭相似，全身以杏黄色为主，头部颜色较淡，接近白色，尾羽黑色。其飞行时翅下的白色非常醒目，会露出墨绿色的翼镜，这是赤麻鸭重要的识别特征。

生态习性

　　赤麻鸭是古人最熟悉的鸟类之一，在清代之前其官方名称为鸳鸯，清代之后才被现代的鸳鸯（古称紫鸳鸯）所取代。它们多成双成对地活动，同时头顶的白色羽毛也容易让人产生"白头偕老""鸳鸯两白头"的联想。

(3)红头潜鸭

分 类：	雁形目 鸭科
学 名：	*Aythya ferina*
英 文 名：	Common Pochard
别 名：	红头鸭、矶凫
观察月份：	10月至翌年2月
观察地点：	金山湿地
体 长：	42~49cm （约相当于3个麻雀体长）

识别特征

红头潜鸭是一种体形较小的鸭类，约为家鸭体长的三分之二。雄性红头潜鸭的头部栗红色，与灰白色的身体形成鲜明对比。雌性红头潜鸭的体色要暗淡得多。

红头潜鸭（雌）

生态习性

红头潜鸭主要生活在湖边水草茂盛的地方，这样的环境可以让它们很好地隐蔽。红头潜鸭是潜水健将，喜食眼子菜等沉水植物，也会取食吃小鱼、小虾，食谱广泛。

(4) 白骨顶

分　　类：	鹤形目 秧鸡科
学　　名：	*Fulica atra*
英 文 名：	Common Coot
别　　名：	骨顶鸡、白冠鸡、白冠水鸡
观察月份：	10月至翌年2月
观察地点：	金山湿地、其他水域
体　　长：	35~41cm （约相当于2.5个麻雀体长）

识别特征

　　白骨顶因具有**突出的白色额甲**而得名，除脚掌外，身体其余部分为黑色。和黑水鸡一样，白骨顶也拥有一双显眼的大脚，看起来像鸡，但却不是鸡，反而和丹顶鹤等鹤类的亲缘关系更接近。

生态习性

　　白骨顶喜欢开阔的水面，以靠近芦苇丛或水草丛为佳，常三五成群，在阿哈水库的湖面上觅食水生的鱼、虾、水生昆虫和软体动物，也会取食水生植物的嫩芽和根茎。白骨顶水性很好，擅游泳和潜水；遇到干扰，会较长时间地潜入水中来躲避危险，有时也会迅速躲进旁边的水草丛中，不过不久后就会出来。

白骨顶

(5)黑翅长脚鹬(yù)

分　　类:	鸻形目 反嘴鹬科
学　　名:	*Himantopus himantopus*
英 文 名:	Black-winged Stilt
别　　名:	高跷鹬、红腿娘子、高跷腿子、黑翅高跷
观察月份:	8~10 月
观察地点:	金山湿地
体　　长:	32~36cm (约相当于 2 个麻雀体长)

识别特征

　　黑翅长脚鹬体态修长，全身羽色黑白分明，黑色的喙笔直尖细，一双红腿非常容易辨认。其身高最高可达35厘米，单是一双红色的长腿就有23厘米，堪称鸟界的模特。

生态习性

　　黑翅长脚鹬的大长腿可以让它们自由地出入水位较深的区域，觅食水中的软体动物、虾、昆虫等。其主要依靠喙部敏感的神经感知水中的食物，常常以左右摆动的方式在水下寻找食物。

(6) 扇尾沙锥^(zhuī)

分　类：	鸻形目 鹬科
学　名：	*Gallinago gallinago*
英 文 名：	Common Snipe
别　名：	小沙锥、田鹬、沙锥
观察月份：	10 月至翌年 2 月
观察地点：	金山湿地
体　长：	24~30cm（约相当于 2 个麻雀体长）

识别特征

　　扇尾沙锥全身羽色较为低调，上体和前胸布满黄褐色纵纹，腹部至尾下白色。长而笔直的喙是扇尾沙锥重要的识别特征，约占身体的三分之一，觅食时会将长长的喙插入泥中，有节奏地探觅食物。

生态习性

　　扇尾沙锥较具隐蔽性，多栖息在茂密的水草丛中，难以被发现，通常在受到惊扰后飞起时才会被观察到，飞行曲线呈锯齿状，边飞边发出刺耳粗哑的叫声。

(7) 金眶鸻 (héng)

分　类：	鸻形目 鸻科
学　名：	*Charadrius dubius*
英 文 名：	Little Ringed Plover
别　名：	黑领鸻、金鸻
观察月份：	5~7月
观察地点：	金山湿地
体　长：	15~18cm（约相当于1个麻雀体长）

识别特征

　　金眶鸻因金黄色的眼圈而得名。和大多数鸻鹬类一样，金眶鸻的羽色比较低调，头顶、背部和翅膀羽毛均为灰褐色，下体白色，在泥滩活动时不易被察觉。金眶鸻颈部有特殊的黑白项圈装饰，其中，白圈在上、黑圈在下。头顶喙部以上的部位也是白、黑相间，煞是可爱。

生态习性

　　金眶鸻在水边的浅滩活动，边走边觅食，常急速行走，然后停下来。金眶鸻的巢穴十分简陋，巢边很少有植物，金眶鸻常将卵产在水边的卵石滩上。不过，它们的卵与石头颜色十分接近，很难被发现。

(8)灰头麦鸡

分　　类：	鸻形目 鸻科
学　　名：	*Vanellus cinereus*
英 文 名：	Grey-headed Lapwing
别　　名：	高跳鸻、跳凫、海和尚
观察月份：	5~7月
观察地点：	金山湿地
体　　长：	32~36cm（约相当于2个麻雀体长）

识别特征

　　灰头麦鸡全身羽毛有灰色、褐色和白色三种主要的颜色。除此之外，亮黄色的双脚、黄黑分明的喙、鲜红的虹膜，以及胸前一条明显的黑色胸带，与身体的暗色调形成强烈对比，是识别灰头麦鸡非常显著的特征。

生态习性

　　灰头麦鸡性喧闹，喜欢旷野环境，常在近水的开阔地面觅食昆虫、蚯蚓等。灰头麦鸡叫鸡却不是鸡，而是一种鸻鹬类水鸟，与金眶鸻等水鸟的亲缘关系较近。和金眶鸻一样，灰头麦鸡的巢穴也特别简陋，仅为地上一浅凹坑，内无任何铺垫，或仅垫草茎和草叶。

(9) 喜鹊

分　类：	雀形目 鸦科
学　名：	*Pica serica*
英 文 名：	Oriental Magpie
别　名：	普通喜鹊、欧亚喜鹊、客鹊、飞驳鸟
观察月份：	1~12月
观察地点：	南郊公园、小车河沿岸、金山湿地、其他林区
体　长：	38~48cm（约相当于3个麻雀体长）

识别特征

喜鹊是一种体形较大的鸟类，体长大约是麻雀的2~3倍。其全身羽毛以黑、白两色为主，在阳光的照耀下，两翅泛蓝色金属光泽，修长的尾巴则带着灰绿色金属光泽。

生态习性

喜鹊是一种与人类十分亲近的小鸟，常在人类居住区附近的大树上筑巢，巢的外部直径约在48到85厘米之间，呈圆形。通常在巢的侧面稍下方，会开一个出入口。喜鹊生性机警，成群结队觅食时，常有1~2只在觅食地较高处或树枝上守望，受惊时则集群飞走。喜鹊被观鸟者戏称为"鸦科大佬"，这是因为它们具有好斗的习性，除了追杀麻雀等小型雀鸟之外，还会组团攻击猛禽。

(10) 彩鹬 (yù)

分　　类：	鸻形目 彩鹬科
学　　名：	*Rostratula benghalensis*
英 文 名：	Greater Painted-snipe
别　　名：	大彩鹬
观察月份：	1~12月
观察地点：	金山湿地
体　　长：	24~28cm （约相当于1.5个麻雀体长）

识别特征

　　彩鹬是一种雌雄异色的鸟，而且是自然界中为数不多的雌鸟比雄鸟体形更大、羽色更加艳丽的鸟。彩鹬无论雌雄，下体均为白色，并呈弧形延伸至肩膀上方。和雄鸟不同，雌性彩鹬上体羽色偏棕灰色带绿色金属光泽，颈部为亮红褐色，眼周有一圈明显的白色标记，而且会向颈后延伸，颇似"逗号"。而雄性彩鹬全身羽色则较为暗淡，带有浅色斑点，眼周也有"逗号"标记，不过颜色偏黄，与其他羽毛颜色对比不如雌鸟鲜明。

彩鹬（雄）

生态习性

　　彩鹬生性机警，行踪隐蔽，喜欢在水草茂密的区域活动，利用高大的水草作为掩护。繁殖季，彩鹬雌鸟会通过竞争占据一块好地盘，并对雄鸟做出求偶的动作，交配成功后就去另结新欢，由雄鸟孵卵和育雏。

(11) 水雉 (zhì)

分　　类：	鸻形目 水雉科
学　　名：	*Hydrophasianus chirurgus*
英 文 名：	Pheasant-tailed Jacana
别　　名：	鸡尾水雉、长尾水雉、凌波仙子
观察月份：	4~9 月
观察地点：	金山湿地
体　　长：	31~58cm （约相当于 2~4 个麻雀体长）

识别特征

水雉又名"凌波仙子"，是夏季会来阿哈湖国家湿地公园筑巢繁殖后代的一种候鸟。繁殖期间的水雉具有黑色的长尾，身体则像是被分别着上了不同的色块，白色头部和前颈、白色的双翼与暗褐色的身体及金黄色的后颈形成强烈的对比。

生态习性

水雉有一双黄色的大脚，可以让它们在布满浮叶植物的水面上自如地行走，比如，长满菱角、芡实和睡莲叶片的水域都是水雉最常利用的生境。它们会将巢穴直接搭建在这些植物的浮叶之上，筑巢材料也是就地取材，因此，它们的巢穴和周围环境总能很好地融为一体，不仔细观察很难被发现。水雉奉行"一妻多夫制"。繁殖期间，雌性水雉通常无固定伴侣，在产下卵之后离开，继续与其他雄鸟配对，而留下雄鸟独自孵卵和育雏。

附录

（1）阿哈湖国家湿地公园鸟类作息时间与居留月份表

☀昼　🌙夜晚

鸟种名称	昼夜	1月	2月	3月	4月	5月	6月	7月	8月	9月	10月	11月	12月
1 小䴙䴘	☀	R	R	R	R	R	R	R	R	R	R	R	R
2 黑水鸡	☀	R	R	R	R	R	R	R	R	R	R	R	R
3 白鹭	☀	R	R	R	R	R	R	R	R	R	R	R	R
4 夜鹭	☀|🌙	R	R	R	R	R	R	R	R	R	R	R	R
5 苍鹭	☀	R	R	R	R	R	R	R	R	R	R	R	R
6 普通翠鸟	☀	R	R	R	R	R	R	R	R	R	R	R	R
7 红尾水鸲	☀	R	R	R	R	R	R	R	R	R	R	R	R
8 白顶溪鸲	☀	R	R	R	R	R	R	R	R	R	R	R	R
9 白鹡鸰	☀	R	R	R	R	R	R	R	R	R	R	R	R
10 灰鹡鸰	☀	W	W								W	W	W
11 褐河乌	☀	R	R	R	R	R	R	R	R	R	R	R	R
12 紫啸鸫	☀	R	R	R	R	R	R	R	R	R	R	R	R
13 池鹭	☀	R	R	R	R	R	R	R	R	R	R	R	R
14 白胸苦恶鸟	☀	W	W								W	W	W
15 白腰文鸟	☀	R	R	R	R	R	R	R	R	R	R	R	R
16 白颊噪鹛	☀	R	R	R	R	R	R	R	R	R	R	R	R
17 棕颈钩嘴鹛	☀	R	R	R	R	R	R	R	R	R	R	R	R
18 黄臀鹎	☀	R	R	R	R	R	R	R	R	R	R	R	R
19 领雀嘴鹎	☀	R	R	R	R	R	R	R	R	R	R	R	R
20 绿翅短脚鹎	☀	R	R	R	R	R	R	R	R	R	R	R	R

鸟种名称	月份\昼夜	1月	2月	3月	4月	5月	6月	7月	8月	9月	10月	11月	12月
21粉红山椒鸟	☀					S	S	S					
22棕腹啄木鸟	☀	R	R	R	R	R	R	R	R	R	R	R	R
23大斑啄木鸟	☀	R	R	R	R	R	R	R	R	R	R	R	R
24斑头鸺鹠	☀	R	R	R	R	R	R	R	R	R	R	R	R
25灰腹绣眼鸟	☀	R	R	R	R	R	R	R	R	R	R	R	R
26叉尾太阳鸟	☀	R	R	R	R	R	R	R	R	R	R	R	R
27橙腹叶鹎	☀	R	R	R	R	R	R	R	R	R	R	R	R
28黑胸鸫	☀	R	R	R	R	R	R	R	R	R	R	R	R
29乌鸫	☀	R	R	R	R	R	R	R	R	R	R	R	R
30珠颈斑鸠	☀	R	R	R	R	R	R	R	R	R	R	R	R
31山斑鸠	☀	R	R	R	R	R	R	R	R	R	R	R	R
32戴胜	☀	R	R	R	R	R	R	R	R	R	R	R	R
33红头长尾山雀	☀	R	R	R	R	R	R	R	R	R	R	R	R
34红嘴相思鸟	☀	R	R	R	R	R	R	R	R	R	R	R	R
35强脚树莺	☀	R	R	R	R	R	R	R	R	R	R	R	R
36大山雀	☀	R	R	R	R	R	R	R	R	R	R	R	R
37灰喉鸦雀	☀	R	R	R	R	R	R	R	R	R	R	R	R
38虎纹伯劳	☀	R	R	R	R	R	R	R	R	R	R	R	R
39松鸦	☀	R	R	R	R	R	R	R	R	R	R	R	R
40大杜鹃	☀					S	S	S					

鸟种名称	月份 昼夜	1月	2月	3月	4月	5月	6月	7月	8月	9月	10月	11月	12月
41大鹰鹃	☀				S	S	S	S					
42红嘴蓝鹊	☀	R	R	R	R	R	R	R	R	R	R	R	R
43红腹锦鸡	☀	R	R	R	R	R	R	R	R	R	R	R	R
44灰胸竹鸡	☀	R	R	R	R	R	R	R	R	R	R	R	R
45丘鹬	☀|☾	W	W								W	W	W
46普通夜鹰	☀|☾					S	S	S	S				
47黑鸢	☀	R	R	R	R	R	R	R	R	R	R	R	R
48灰林鸮	☀|☾	R	R	R	R	R	R	R	R	R	R	R	R
49斑嘴鸭	☀	W	W								W	W	W
50赤麻鸭	☀	W	W								W	W	W
51红头潜鸭	☀	W	W								W	W	W
52白骨顶	☀	W	W								W	W	W
53黑翅长脚鹬	☀								P	P	P		
54矶鹬	☀	W	W								W	W	W
55扇尾沙锥	☀	W	W								W	W	W
56金眶鸻	☀					S	S	S					
57灰头麦鸡	☀					S	S	S					
58彩鹬	☀	R	R	R	R	R	R	R	R	R	R	R	R
59水雉	☀					S	S	S	S	S	S		
60喜鹊	☀	R	R	R	R	R	R	R	R	R	R	R	R

注　居留型：R代表留鸟，S代表夏候鸟，W代表冬候鸟，P代表旅鸟

（2）本书鸟种查询

【后记】做友好的观鸟者

　　无人机等技术发明后，人类能更容易地窥探阿哈湖国家湿地公园的全貌。然而，对于鸟类来说，从它们还是恐龙的时代开始，就掌握了飞行这项技术。在鸟类看来，阿哈湖国家湿地公园是贵阳城市中散落的为数不多的湿地中非常珍贵的一处栖息地。这里不仅有宽阔的湖面、弯弯曲曲的河流、茂密的森林、幽暗的溶洞，还有常年处在淹水状态的沼泽地。

　　对于湿地公园的访客来说，或许有一些非常简单的将这些景观分门别类的方法：水体面积的大小、地形的高低起伏、距离公园大门的远近、基础设施的完善程度。因此，才有了地图上不同的区域划分。但是对鸟类来说，这些景观表面之下的东西或许更加重要。

　　鸟类选择栖息地的标准并不复杂，只需有必要的食物、水分以及隐蔽的繁殖场所等基本条件。但是，不同鸟类对栖息地的需求差异却十分细微，水位的高低、水流的缓急、树木的高矮粗细和搭配组合……连在选择谁做邻居这个问题上鸟都显得锱铢必较。所幸的是，阿哈湖国家湿地公园的鸟类栖息地足够多样，森林、水库、溪流、沼泽、溶洞……这些我们熟悉的景观为鸟类栖息创造了多样的选择。世界上没有两块完全相同的区域，仅仅凭借水位周期性的涨落这一点，就创造出了湖面、浅滩、沼泽等不同栖息地类型，为众多水鸟提供了不同的栖息选择。

　　这或许可以解释为什么阿哈湖国家湿地公园面积不到贵州省总面积的万分之一，鸟种数却几乎占到整个贵州省鸟类种数的一半左右；而在贵阳这座城市，阿哈湖湿地记录的鸟类种数更占到全贵阳的81.27%。随着贵阳城市的扩张，可供鸟类居住的环境也逐渐减少，像阿哈湖国家湿地公园这样适合鸟类生活的理想栖息地，更加显得弥足珍贵。

我们把这段内容放在这本观鸟指南的最后，是希望这本指南最后能传递出这样的理念：观鸟和自然保护紧密相连。不知不觉间，观鸟已经成为越来越多不同年龄的人走进自然所选择的一项活动。有人说过，如果学会观鸟，那么就拥有了一张通向"大自然剧场"的终身门票。而当我们安静地凝视这些自由飞翔的生灵时，或许更能意识到自然的可贵——鸟类不仅是鸟类自身，它还与天空、森林、湿地，以及相伴而生的自然万物一起，向我们展示自然界的真相。

如果你意识到这一点，或许会更容易察觉到鸟类和我们每个人日常生活的关系：不断扩张的城市用地是否侵占了鸟类迁徙时停歇的湿地，高层建筑的透明玻璃幕墙是否影响鸟类的飞行，绿地公园养护中使用的杀虫剂是否影响鸟类的进食，弃养的流浪猫狗……让观鸟中看到的鸟类常驻我们每个人的心中，让保护鸟类和生物多样性的意识成为更多人的共识，让爱护自然和保护环境的行动成为社会公众的行为准则，这应该也是每位观鸟人心中的期盼吧！